HIGH-TECH
FLUGZEUGE

HIGH-TECH
FLUGZEUGE

WAYNE F. GEER

Aus dem Englischen von Alfred W. Krüger

MITTLER

Bildnachweis

Bell Helicopter Textron 77 B & T, 79, 86, 87, 89, B & T, 90 T. Bob Archer 38, 39 B, 40, 41. Chris Dymond 46 T, 91 B. Foto Consortium: Alain Ernoult 45 T, 50, 51 T, 52 T, B; Kirby Harrison 15; Gary L. Keiffer 9, 44, 51 B, 46 B; Peter R. March 42 B, 43, 47; Frank Mormillo 11, 12, 34 T; Mi D. Seitelman 16, 32, 53, 54, 55, 56, 88; Leif Skoogfors 76, 78; 14 T, 39 T, 97. Grumman 14. Hughes 106, 107, 108, 109. Lockheed 62, 63 H & T, 64, 66, 67, 74, 75 B, 80, 82, 83. McDonnell Douglas 18, 19 B & T, 21 B & T, 22, 23 B & T, 24, 25, 26, 29, 30, 31 B & T, 92 B & T, 93, 95 B & T. Novosti 48. Quadrant 49. Rockwell International 103, 104 B & T, 105. Sikorsky 96, 98, 99 B & T. Schultzinger & Lombard 72, 75 TL & TR. US Air Force 10, 27, 58, 59, 60, 61, 68 B & T, 69, 70, 73. Ministerium für Verteidigung, USA 13, 84.

Die Deutsche Bibliothek — CIP-Einheitsaufnahme

High-Tech-Flugzeuge : modernste Entwicklungen in der
militärischen Flugtechnik : Flugzeuge — Hubschrauber —
Lenkwaffen / [Wayne F. Geer. Übers. von Alfred W. Krüger]. —
Herford : Mittler, 1994
Einheitssacht.: Hi-tech planes <dt.>
ISBN 3-8132-0452-9
NE: Geer, Wayne F.; Krüger, Alfred W. [Übers.]; Flugzeuge; EST

Wayne F. Geer
High-Tech-Flugzeuge
Titel der Originalausgabe:
Hi-tech planes
Copyright © 1992 Quintet Publishing Limited, London
Idee: Richard Dewing
Entwurf: Chris Dymond
Projektautor: William Hemsley
Aus dem Englischen übertragen von Alfred W. Krüger, Bonn
Printed in Singapore by Star Standard Industries Pte. Ltd.
ISBN 3-8132-0452-9
Sonderausgabe
© der deutschen Original-Ausgabe 1994 by
Verlag E.S. Mittler & Sohn GmbH, Berlin · Bonn · Herford.

INHALTSVERZEICHNIS

* NATO-Codename

GENERAL DYNAMICS F-111 *Aardvark*

Nach Meinung Verantwortlicher im Pentagon und Weißen Haus sollte die General Dynamics F-111 *Aardvark* ein »Mädchen für Alles« sein. Zwar wurde dieser Schwenkflügler ursprünglich auch als Jäger entwickelt, als solcher jedoch niemals eingesetzt. Die F-111 wurde zum ersten taktischen Bomber, der zum tiefen und weiten Eindringen in den gegnerischen Luftraum im Tiefstflug fähig ist und seine Bombenlast ohne Erdsicht bei jeder Wetterlage auf 50 Meter genau ins Ziel bringt.

Der Jagdbomber sollte die Republic F-105 *Thunderchief* der US Air Force und die F-4 *Phantom II* bei der US Navy ablösen. Beide Teilstreitkräfte hatten bereits eigene Pflichtenhefte für diese Nachfolgemuster ausgearbeitet, als der damalige US-Verteidigungsminister Robert S. McNamara in die Flugzeugbeschaffung eingriff. Er zwang Luftwaffe und Marine, sich auf ein gemeinsames Flugzeug — mit nur geringen Änderungen in der Marineversion — zu einigen. Die Fertigung der Marine-F-111B wurde eingestellt, als 1968 das F-14-Bauprogramm anlief.

▼ Diese, für die elektronische Kampfführung ausgerüstete EF-111A Raven wartet auf die Besatzung.

In der dem neuen Flugzeug schon in der Entwicklungsphase zugedachten, kontroversen Einsatzrolle sah die USAF sowohl ein Angriffsflugzeug als auch einen Jäger, die USN hingegen nur einen Jäger zum Flottenschutz vor. Damals gelang es nicht, alle diese Einsatzaufgaben in einem Entwurf zu vereinigen. Die F-111 wurde deshalb als Allwetterkampfflugzeug mit internem Waffenschacht für Atombomben ausgelegt.

Die Entwicklung zielte primär auf die Fähigkeit, Langstreckeneinsätze mit Überschallgeschwindigkeit (Mach 1,2) im Tiefflug, unterstützt durch ein leistungsfähiges Geländefolgeradar, durchzuführen. Von geplanten, von einigen Militärs erträumten fast 2.000 Maschinen wurden schließlich nur 562 Flugzeuge beschafft und in neun Versionen gebaut.

Der Schwenkflügel der F-111 stammte aus der (*Variable Geometry-VG*) Grundlagenforschung der britischen Firma Vickers, deren Ergebnisse John Stack, dem Leiter des Überschallwindkanals im Forschungszentrum des Langley Laboratory, zur Verfügung standen. Er wurde zur führenden Autorität für Schwenkflügel. Bei Beginn der Neuentwicklung war die variable Geometrie, d.h. die veränderbare Flügelpfeilung, die Hauptforderung der Ausschreibung für den als taktischen Versuchsjäger bezeichneten TFE (Tactical Fighter Experimental). Probleme bereitete der Schwenkflügel weder bei der Konstruktion noch in der Fertigung der F-111, vielmehr begründete er den Erfolg des Flugzeugs.

▲ Eine F–111F der 389. TFS (366. TFW, Mountain Home AFB, Idaho) bombenbeladen über gebirgigem Gelände, der Schwenkflügel ist für den Marschflug leicht rückgepfeilt.

Eine Tragfläche variabler Geometrie hat gegenüber einem Festflügel Vorteile. Die Rückpfeilung mindert den Luftwiderstand erheblich, die Flügelfläche hingegen verringert sich nur geringfügig. Für Start, Landung und Langsamflug wird der Schwenkflügel in vorderste Stellung (16° Pfeilung) gefahren, für den Schnellflug, etwa mit Mach 1,2 in Baumhöhe, ist er voll rückgepfeilt (72,5°), wobei das Verhältnis Auftrieb : Anstellwinkel sehr flach verläuft und das Flugzeug gegen Tiefflugturbulenzen unempfindlicher als ein Flugzeug mit weitspannenden Tragflächen bleibt. Derart stellt die F-111 eine recht stabile Waffenplattform dar, vor allem bei Tiefangriffen mit hoher Geschwindigkeit.

Eine Besonderheit ist die fallschirmgebremste Rettungskapsel statt üblicher Einzelschleudersitze für die beiden Besatzungsmitglieder. Nach der Trennung vom Rumpf mittels Sprengschnur sorgt ein Raketenmotor mit 18 Tonnen Schub für genügend Sicherheitsabstand über Land oder Wasser und bietet – auch ohne übliche Schutzbekleidung – erhöhten Schutz, bei Höchstgeschwindigkeit in allen Höhen ebenso wie bei Null Fahrt und Höhe. Erstmals erhielt die Kapsel Überlebensausrüstung und Luftsäcke, ähnlich den für moderne Autos angebotenen »Airbags«, zur Aufprallminderung und Schwimmfähigkeit im Wasser. Die Atemluftversorgung bleibt sichergestellt, nicht jedoch der Kabineninnendruck. Selbst in einer vom Gebirge herabrollenden Kapsel blieb die Besatzung unverletzt.

Die F-111 ist ein Langstreckenflugzeug, Zusatztanks oder Luftbetankung verlängern die Reichweite und Flugdauer beträchtlich. Der Treibstoff ist in jedem verfügbaren Innenraum untergebracht. Mit voller Kampfbeladung liegt deshalb das Höchststartgewicht bei rund 54.500 kg. Kein anderes westliches taktisches Kampfflugzeug weist ein besseres Verhältnis von Reichweite und Waffenzuladung auf.

Triebwerke

Zwei Pratt & Whitney TF-30-P-100 Turbofans liefern je 9.080 kp Schub mit Nachbrenner. Damit erreicht die F-111 in Seehöhe eine Dauermarschgeschwindigkeit von Mach 1,2, in Höhen bis 18.000 m überschreitet sie Mach 2. In den 70er Jahren auf 13.620 kp NB-Schub leistungsgesteigerte TF-30P-100-Triebwerke wurden wegen Einstellung der F-111-Serienfertigung nicht mehr nachgerüstet.

Terrain-Following Radar (TFR)

Blind-, Nacht- oder Schlechtwettertiefflug erfordern das modernste Geländefolgeflug-Radar. Nach Ausstattung der letzten Baureihe F-111F mit dem AN/APQ-110 TFR-System von Texas Instruments wurden auch die älteren Versionen damit nachgerüstet.

Das APQ-110 besteht aus einem redundanten Radar-Paar, wovon eines jeweils als TF-Primärsystem, das zweite als Backup-Radar arbeitet, wahlweise auch das Gelände beiderseits der Hauptflugrichtung nach Hindernissen abtastet und dem Piloten den günstigsten Flugweg, auch im Fall von Ausweichmanövern, vorgibt. In der TF-Funktion halten Primärradar und Autopilot Flughöhe und Kurs. Das TF-Radar erkennt Bodenhindernisse in Flugrichtung voraus und signalisiert dem Autopiloten nach vorprogrammiertem »Pitch-Up«-Manöver, Flughindernisse im Sicherheitsabstand zu »überspringen« und danach wieder die alte Flugbahn einzunehmen.

Mit diesem Hindernisspringen verfolgt das Flugzeug im »Konturenflug« seinen Angriffskurs in niedrigster Höhe über Grund. Feindliche Radarortung wird so unterflogen, der Angreifer bleibt längstmöglich vom Gegner unerkannt. Bei Geräteausfall wird automatisch ein »Pull-Up« (Hochziehen) mit 2g ausgeführt. Tiefflug ist nach dem modernen Kriegsbild für jeden Piloten im taktischen Einsatz Voraussetzung für Erfolg und Überleben. Es bedarf großer Überwindung und Nervenstärke, der narrensicheren Funktion der Bordavionik zu vertrauen, wenn man in Baumhöhe schallschnell auf Hindernisse zufliegt und die rechtzeitige Reaktion der Automatik überläßt. Entsprechend intensivem Gewöhnungstraining haben sich alle Einsatzpiloten zu unterziehen.

Bordavionik

Neben TFR verfügt die F-111 über die heutzutage notwendige moderne Bordavionikausrüstung für Kommunikation, Navigation, elektronische Kampfführung (ECM – Electronic Counter Measures) und den Waffeneinsatz. Das Trägheitsnavigations (INS – Inertial Navigation System)- und Bombenzielsubsystem AN/AJQ-20A von Litton macht den Piloten unabhängig von früher üblichem »Franzen« nach Karte und Kompaß, herkömmlicher Boden- und Funkflugführung, wenn die Eingabe der Startpositionsdaten in den Zentralbordrechner exakt erfolgte. Er berechnet alle Navigations-, Flugführungs- und Waffeneinsatzwerte unter Einschluß meteorologischer und ballistischer Daten fortlaufend und steuert das Flugzeug mit hoher Präzision zum Waffenauslösepunkt. Das im Außenbehälter untergebrachte, leistungsgesteigerte Navigations- und Waffenleitsystem AN/AVQ-26 *Pave Tack* führt die Besatzung, auch ohne externe Radionavigationshilfen, sicher zum Heimathorst zurück. Höchste Genauigkeit und Zuverlässigkeit von Mensch und Elektronik sind unabdingbare Voraussetzung für die erfolgreiche Durchführung solcher Einsätze. Die exakte Flugvorbereitung nimmt daher nicht selten mehr Zeit als die Mission selbst in Anspruch.

Flugzeugintern sind weitere ECM- und Bedrohungswarngeräte, u.a. das AN/ALQ-94 von Sanders Associates, das Bodenleitradar und Zielsuchkopf SA-6

▲ Viererformation von je zwei FB-111A (im Bild unten) und EF-111A *Raven*.

◀ Eine FB-111A startet mit Nachbrenner und Schwenkflügeln in vorderster Stellung (16°).

Technische Daten F-111A	
Spannweite, m	
— max. (16° Pfeilung)	19,20
— min. (72,5° Pfeilung)	9,74
Länge, m	22,40
Höhe, m	5,22
Höchststartgewicht, kg	43.000
(FB-111A)	54.100
Triebwerke Pratt & Whitney Turbofans TF-30-P-3/100, 2 x 9.525/11.350 kp (NB)	
Höchstgeschwindigkeit,	Mach/km/h
— Tiefflug/Seehöhe	1,2/1.392
— über 10.750 m Höhe	2,5/2.655
Dienstgipfelhöhe, m	15.250/18.000
Reichweite, km	2.700
— Überführung	6.250

*Gainful** FlaRak-Lenkwaffen stört (Jamming) oder täuscht und inzwischen durch das leistungsstärkere AJQ-134 flottenweit ersetzt wurde. Warnsysteme entdecken alle das Flugzeug rundum bedrohenden gegnerischen Radar- und Infrarot (IR)-Sensoren, darunter der Radarwarner AN/APS-109A von Dalmo-Victor. Angreifende Lenkwaffen und Flugzeuge melden die Geräte AN/AAR-34 und ALR-23. In Außenbehältern kann weitere Zusatzausrüstung mitgeführt werden.
* NATO-Codename.

Bewaffnung

Die F-111 ist für den Luft/Boden-Einsatz von konventionellen und nuklearen Waffensystemen über große Entfernungen bestimmt. Die Zielpräzision beim Abwurf von zwei oder mehr freifallenden Atombomben aus dem Rumpfschacht galt seinerzeit als sechs mal besser als bei anderen USAF-Jagdbombern. Einsatzabhängig umfaßt die Kampfbeladung bis zu 24 konventionelle Bomben bis zu einem Gesamtgewicht von 9.100 kg (anfangs sogar 13.150 kg) im Bombenschacht oder an Rumpf- und vier Flügel-Mehrfachlastträgern in Tandem-Dreiergruppen. Die äußeren vier Flügelpylons sind auch für Abwurfzusatztanks vorgesehen. Eine General Electric M61A1 20 mm *Vulcan* (Gatling)-Kanone mit 2.072 Schuß wird fallweise im Bombenschacht montiert. Für den Luft/Boden-Einsatz waren anfänglich auch neun Lenkwaffen AGM-12A *Bullpup* von Martin Marietta oder AGM-45A *Shrike* von Texas Instruments bzw. AGM-53A *Condor* von North

▲ Eine F-111F beim Abwurf von Mk.82 Übungsbomben auf einem Übungsplatz in der Wüste Nevadas.

American, für Luft/Luft-Missionen sechs AIM-26A/47A *Falcon* von Hughes oder vier *Falcon* plus vier AIM-9 *Sidewinder* von Ford-Philco eingeplant.

Einsatz

Ab Frühjahr 1968 setzte die USAF die neue F-111 in Vietnam nur zögernd ein. Sechs Maschinen flogen ohne Zusatztanks und Luftbetankung mittels Trägheitsnavigation nach Thailand. 55 erfolgreiche Einsätze wurden bei nur drei Verlusten geflogen. Eine Maschine blieb am 28. März 1968 vermißt, eine andere Besatzung konnte aussteigen, die Flugzeugtrümmer wurden gefunden und untersucht. Absturzursache war eine gerissene Schweißnaht am linken Höhenleitwerk. Aus gleichem Grund ging tags darauf ein Flugzeug in den USA verloren. Auf der seit September 1970 von der USAFE belegten RAF-Basis Upper Heyford, Oxon (UH), waren 75 F-111E (2. von sieben Versionen) des 20. TFW (55./77./79. TFS) stationiert. Sie führten von England aus einen Vergeltungsschlag gegen Ziele des libyschen Machthabers Gadhafi bei Tripolis. Ab März 1977 kamen weitere 78 F-111F des 48. TFW von Mountain Home AFB (366. TFW) zum RAF-Stützpunkt Lakenheath.

Die F-111 wurde ihrer Entwicklungs- und Einführungsprobleme wegen oft und viel kritisiert. Inzwischen ist sie jedoch ein ausgereiftes und leistungsfähiges Angriffsflugzeug – kein Jäger.

GRUMMAN F-14A *Tomcat*

In der Militärluftfahrt galt die F-14 *Tomcat* schon bald nach ihrer Einführung als bester Allround-Abfangjäger der Welt. Bei der Indienststellung traf dies gewiß zu. Noch heute gehört die F-14 zu den besten Abfangjägern überhaupt.

Im Februar 1961 veranlaßte der damalige Verteidigungsminister Robert McNamara, für die amerikanische Luftwaffe und Marine ein Jagdflugzeug in Varianten für jede der beiden Teilstreitkräfte zu entwickeln. Der gemeinsame Konzeptentwurf sollte der Kosteneinsparung im Verteidigungshaushalt dienen. 1968 jedoch verwarf die US Navy das F-111-Entwicklungsprogramm, das den Ersatz der veralteten F-4 *Phantom II* zum Ziel hatte.

1965 hatte die US-Marine Studien für einen fortschrittlichen Jäger der Firma Grumman finanziert. Nach Aufgabe der Pläne für die F-111B, die bei Grumman gebaut werden sollte, machte die Firma 1969 mit ihrem modifizierten Schwenkflügler Modell 303E als Luftüberlegenheitsjäger mit Triebwerken, Waffen und Avionik der F-111B das Rennen im VFX (Experimentaljäger)-Wettbewerb gegen andere US-Flugzeughersteller.

Daraus entstand der XF-14A-Prototyp, der jedoch beim Erstflug am 21. Dezember 1970 nach Hydraulik-

ausfall kurz vor der Runway abstürzte. Beide Piloten konnten sich vor dem Aufschlag retten. Bilder vom Unglück flimmerten über alle abendlichen US-Bildschirme. Die gebrochenen Titan-Hydraulikölleitungen wurden durch Rohre aus Edelstahl beim zweiten Versuchsflugzeug, das im Mai 1971 in die Erprobung ging, ersetzt.

Zellenaufbau

Den variablen F-14-Schwenkflügel hatte man von der F-111 im Prinzip übernommen, die Schwenklager liegen jedoch — wie bei russischen Schwenkflüglern — weiter außen. Dadurch wird der bewegliche Flügel kürzer. Ihm verdankt die *Tomcat* viel von ihren bemerkenswerten Flugleistungen. Die Flügeleinstellung erfolgt hier normalerweise geschwindigkeitsabhängig durch automatische Computersteuerung.

▼ Eine F-14A verläßt nach Katapultstart das Trägerdeck.

▲ Eine F–14A bei der Trägerlandung, Fahrwerk, Klappen und Landehaken voll ausgefahren. Die Schwärzung am Bug weist auf Kanoneneinsatz hin.

Für den Luftkampfeinsatz beträgt die Flügelpfeilung 55°. Der Pilot kann die Automatik manuell, z.B. zur Höchstbeschleunigung, übersteuern, bei Reglerausfall schwenkt ein Notsystem den Flügel in Landestellung, wobei der Flugzeugführer gute Frontsicht für die Trägerdecklandung hat. Die Längsstabilität im Überschallflug wird aerodynamisch durch zwei kleine dreieckige, geschwindigkeitsabhängig automatisch auf 15° ausfahrende Hilfsflügel (»Glove vanes«) auf den Innenflügelnasen beeinflußt, sie erlauben Steilkurven bis zu 7.7 g bei Geschwindigkeiten zwischen Mach 1 und Mach 2.

Anstelle herkömmlicher Querruder zur Rollsteuerung verfügt die F–14 über vollbewegliche, sogenannte »Tailerons« zur Steuerung um die Quer- und Längsachse (Pitch/Roll), die im Unterschallflug durch Flügelspoiler unterstützt werden. Elektronische Fly-by-Wire (FbW)-Flugsteuerung haben ältere Baumuster nicht. Die sensorautomatisch kraftverstärkte Flugsteuerung erleichtert die Arbeitsbelastung der Männer im Cockpit dieses 32-Tonners.

Die Turbofan-Triebwerke sind weitestmöglich nach außen gelegt, wodurch die Rumpfunterseite zwischen den langen Triebwerksgondeln einen großen Teil des Auftriebs beisteuert. Bei Flugmanövern mit höheren Anstellwinkeln, wo die Flügelströmung bereits abreißt, trägt der Rumpfauftrieb das Flugzeug fast allein. Die Kombination der Steuerflächen mit dem Schwenkflügel verleiht der F–14 extreme Wendigkeit, die modernen Abfangjägern nur wenig nachsteht.

Triebwerke

Zwei ursprünglich für die F–111B entwickelte Pratt & Whitney TF–30P–12 Nachbrenner-Turbofans, mit je 9.480 kp, sorgen für den Antrieb. Damit erreicht die F–14 zwar nur ein Gewichts/Schubverhältnis von 0,78, aber sie überflügelt so alle F–4 *Phantom II* in jeder Hinsicht. Da die vorgesehenen Hochleistungstriebwerke aus dem ATE (Advanced Technology Engine)-Programm nicht serienreif wurden, erhielten neuere Baureihen TF–30–P–412/414/414A Turbinen. Erst mit der Nachrüstung auf General Electric F110–GE–400 im Laufe der 90er Jahre sind bisherige Betriebsprobleme und Leistungsdefizite behoben worden.

Die US Navy hatte ATE-Turbinen Pratt & Whitney F401 mit rund 30% höherer Schubleistung von 12.700 kp Anfang 1970 getestet, mußte aber wegen eskalierender Kosten des F-14-Programms darauf verzichten, zumal billigere Triebwerke weitgehend befriedigten. 1976 konzentrierten sich Studienentwicklungen für ein Nachfolgetriebwerk auf drei Konkurrenzmotoren: Pratt & Whitney F401, Allison XTF-41 und General Electric F101X. Letzteres soll dem TF-30 folgen, wenn Haushaltsmittel verfügbar sind.

Bordavionik

Zum Entwurfszeitpunkt sollte die F-14 mit sowjetischen Jägern wie der MiG-25 *Foxbat*, einem 3.220 km/h schnellen Höhenjäger mit damals weithin unbekanntem Leistungsvermögen, sowie land- und luftgestarteten Anti-Schiff-Marschflugkörpern fertig

▼ Die Bauchseite der F-14A zeigt die sechs AIM-54C *Phoenix* an den Rumpf- und Flügelstationen, die simultan sechs verschiedene Ziele bekämpfen können.

werden. Für die notwendige Abfangfähigkeit wählte man das AWG-9 (Airborne Weapons Group Nine) Zielentdeckungs- und Angriffssystem zusammen mit der AIM-54 *Phoenix* Langstrecken-Luftkampflenkwaffe. Beide baut die Hughes Aircraft Co. Mit dem integrierten AWG-9-Radar können gleichzeitig 24 verschiedene, weit entfernte Ziele aufgefaßt, verfolgt und mindestens sechs simultan bekämpft werden.

Darüber hinaus steuert das eigentlich für die F-108 und F-111B entwickelte AWG-9-System auch AIM-7 *Sparrow,* AIM-9 *Sidewinder*-LFK und die Bordkanone. In der F-14 erreichte es seine volle Leistungsfähigkeit als vollintegriertes System, primär zur Entdeckung und Verfolgung weit entfernter Ziele und ihrer Bekämpfung durch Ziellenkung der AIM-54.

Das AWG-9-System besteht aus einem kohärenten Puls-Doppler-Radar, dessen Waffenrechner Fest- und Störechos (Clutter) eliminiert und dem Piloten nur bewegliche Ziele auf dem Cockpitmonitor anzeigt. Dadurch hat die F-14 zugleich Look-Down/Shoot-Down-Fähigkeit, d.h., sie kann nicht nur gleichhoch oder höher, sondern auch tieffliegende Flugzeug- und Flugkörperziele abfangen. Als Multifunktionsradar entdeckt, identifiziert und verfolgt das AWG-9 Feindziele im gesamten ± 90° Azimuth-Abtastbereich.

Alle Informationen des Hauptsensors Radar werden auf mehreren VDT-Sichtschirmen für Pilot (vorn) und Waffensystemoffizier (WSO – hinten) verzugslos angezeigt. Der taktische Informationsbildschirm (Display) stellt die aktuelle Gefechtslage dar. Der »Backseater« (WSO) ist für die Selbstverteidigung im Fernluftkampf mit AIM-7 und Zielbekämpfung mit AIM-54 verantwortlich, während der Pilot im Nahluftkampf allein die AIM-9 einsetzt.

Ein wichtiges Bordsystem ist der passive IR-Sensor unter dem Rumpfbug, der zusammen mit dem Radar oder allein zur Zielsuche und Dateneingabe für AIM-7- und AIM-9-Lenkwaffen dient. Neuentwicklungen in der IR-Technologie steigern die Systemleistung zur Entdeckung des Gegners.

Bordwaffen

Mit dem F-14 Luftüberlegenheitsjäger steht der US Navy ein modernes, hochleistungsfähiges Waffensystem zur Flottenluftverteidigung zur Verfügung. Zum Gesamtwaffensystem F-14 gehört neben den Subsystemen AWG-9/AIM-54 die M61A1 Kanone.

Die Waffenzuladung beträgt maximal 6.580 kg an Außenlasten, wenngleich in der Jagdbomber-Zweitrolle nur konventionelle Bomben für die F-14 zugelassen sind. Die AIM-54 *Phoenix* ist als Hauptwaffe der Flottenluftverteidigung einzigartig. Sie wurde als AIM-47 ursprünglich für den geplanten F-108 *Rapier* Mach 3,2-Jäger vorgesehen, danach für die F-111B weiterentwickelt.

Die AIM-54 ist eine große Lenkwaffe, 3,96 m lang, 38,1 cm Durchmesser. Sie wiegt mit dem 60 kg schweren Splittergefechtskopf 442 kg, der alternativ durch drei Zünder (Aufschlags-, Annäherungs- oder IR-Zünder) zur Detonation gebracht wird. Ihre Höchstgeschwindigkeit in großer Höhe ist mit Mach 5,

▲ Eine F-14A
steigt vom Trägerdeck aus rasant auf Einsatzhöhe.

in niedrigeren Höhen mit Mach 3,8 anzunehmen. Sie ist eine »Steig- und Sturz«-Rakete, d.h. sie steigt bei Reichweiteneinsätzen in der ersten Flugphase bis auf rund 30.000 m und stürzt dann mit hoher Energie auf ihr Ziel.

Sowjetische MiG-25 *Foxbat* Höhenjäger und Tu-22 M *Backfire* bzw. Tu-160 *Blackjack* Schwenkflügel-Überschallbomber gehörten zu den Prioritätszielen der F-14. Während der AIM-54-Erprobung wurden Zielflugzeuge zur Simulation dieser Gegnertypen eingesetzt. Selbst Ziele, die man mit 6 g abrupt aus dem Sturz abfing, wurden wirksam bekämpft. Ein über 15.000 m hoch mit Mach 1,5 fliegendes Zielflugzeug wurde nach Auslösen der *Phoenix* in 190 km Zielentfernung schon 116 km entfernt getroffen. Derzeit ist die verbesserte AIM-54C im Einsatz.

Neben der *Phoenix* als Hauptwaffe für den Fernluftkampf können andere Lenkflugkörper den Bordwaffenmix der F-14 ergänzen. Dazu gehören der AIM-7 *Sparrow* für den Luftkampf auf mittlere Distanz (jenseits optischer Sichtweite) sowie die AIM-9 *Sidewinder* für den Nahluftkampf (in Sichtweite). Im Kurvenkampf in Nahdistanz ist die mehrläufige, elektrisch gesteuerte Bordkanone M61A1, mit einer Kadenz von 6.000 Schuß/min und 675 Schuß munitioniert, eine tödliche Waffe. Beide LFK sind wesentlich kostengünstiger als die AIM-54 und – auch bei den westlichen Verbündeten – reichlich bevorratet. Mit der nächsten, in Einführung bzw. Entwicklung stehenden Flugkörpergeneration werden AIM-7 durch die AIM-120A AMRAAM (Advanced Medium-Range

◄ Nach dem Start von einem Flugzeugträger nach Beginn des Golfkrieges (Operation *Desert Storm*) 1991 ist diese F-14A auf Angriffsflug zu Zielen in der irakischen Wüste.

Air-to-Air-Missile) und die AIM-9 durch AIM-132A ASRAAM (Advanced Short-Range Air-to-Air Missile) abgelöst.

Leistungen und Handhabung

Die zweisitzige F-14 der US Navy war der erste in der Reihe moderner amerikanischer Mach 2-Luftüberlegenheitsjäger. Der von Grumman entwickelte Schwenkflügler variabler Geometrie (VG) wurde seiner hohen Manövrierfähigkeit und Wendigkeit in allen Fluggeschwindigkeitsbereichen wegen ausgewählt und sollte von Beginn an trudelfest sein. Anfangs geriet die F-14 jedoch im überzogenen Flugzustand (z.B. bei hohen Anstellwinkeln) in schnelles Flachtrudeln, das kaum zu beenden war. Mit einem 1980 initiierten Programm zur Lösung dieses Problems wurde schrittweise Abhilfe geschaffen. Heute ist das Flugzeug in allen Flugphasen nahezu trudelsicher.

Mehrausgaben und Engpässe im US-Verteidigungshaushalt begleiteten das F-14-Programm bis heute und verhinderten u.a. die frühere Umrüstung auf stärkere Triebwerke. Mit ähnlichen Problemen sind alle Luftwaffen konfrontiert, nicht erst seit dem Ende des Ost-West-Konflikts und dem Beginn umfassender weltweiter Abrüstungsintiativen. Wirtschaftliche Rezession in vielen Ländern beschleunigte das Schrumpfen der Wehrhaushalte in den Staatsbudgets. Die meisten Armeen leiden darunter.

Höchst- und Steiggeschwindigkeit und Gipfelhöhe der *Tomcat* sind der F-4 *Phantom II* vergleichbar, im Gesamtleistungsspektrum ist die F-14 der F-4 im Vergleichsluftkampf aber weit überlegen. Für die US-Marine ist die *Tomcat* daher vorerst ein unverzichtbares Waffensystem für die Flugabwehr der Flotte.

Eine F-14A vor dem Start vom Dampfkatapult eines US-Flugzeugträgers zu einer Jagdschutzmission, beladen mit zwei Zusatztanks an den Triebwerksträgern, vier AIM-7 unter dem Rumpf und vier AIM-9 an den Flügelmehrfachpylons. ▼

▶ Fünfer-
Formation
F-14A der
Bord-
staffeln
VF-2 (NE)
und
VF-124
(NJ) des
Trägers *USS
John F.
Kennedy.*

Technische Daten F-14A	
Spannweite, m	
max. (20° Pfeilung)	19,54
min. (68° Pfeilung)	11,63
Hangar (75° Pfeilung)	10,15
Länge, m	18,89
Höhe, m	4,88
Triebwerke General Electric Turbofans	
F110-GE-400, 2 x 12.700kp (NB)	
oder Pratt & Whitney Turbofans	
P&W TF-30-P-412, 2 x 9.480 kp Schub (NB)	
Höchstgeschwindigkeit in 15.000 m	Mach 2,5
Höchstfluggewicht, kg	31.200
Gipfelhöhe, m	22.600
Einsatzradius, km	450–900

McDONNELL DOUGLAS (Northrop) F/A-18 *Hornet*

Sieben Jahre dauerten Entwicklung und Erprobung der F/A-18 *Hornet*. Vielfach wurde sie kritisiert, nicht groß und teuer genug oder leistungsmäßig nicht mit der F-14 *Tomcat* vergleichbar zu sein. Trotzdem ist dieses Flugzeug ideal für die Zeit und die Missionen, für die es beschafft wurde. Die F/A-18 entstand aus dem Leichtjäger (LWF-Light Weight Fighter)-Wettbewerb zwischen der YF-16 und YF-17, den General Dynamics mit der F-16 gewann. Wegen nur unbedeutender Mängel fiel die YF-17 durch, obwohl sie in einigen Leistungsbereichen der YF-16 überlegen war. Beispielsweise hatte die YF-17 ein besseres Kurvenvermögen bei Mach 0,9. In anderen Geschwindigkeitsbereichen war die YF-16 besser. Northrop blieb so zunächst auf seinem Projekt sitzen.

1974 gab die US Marine nach ihrem LWF-Programmausstieg eine Projektausschreibung über einen leichten Mehrzweck-Trägerjäger zum Ersatz der F-4 *Phantom II,* der A-4 *Skyhawk* und A-7 *Corsair II* in der Doppelrolle Flottenluftverteidigung und Angriffsjäger heraus.

Northrop tat sich mit der trägerflugzeugerfahrenen McDonnell Douglas Co. zusammen, um die YF-17 ausschreibungsgemäß umzukonstruieren. Die daraus entstandene F/A-18 war ein neuer Entwurf ohne den Makel eines verlorenen Wettbewerbs. Im Mai 1975 wählte die US Navy die F/A-18 als neues Jagd- und Angriffsflugzeug aus.

Die Änderungsarbeiten am Grundentwurf für Trägereinsatz und Doppelrolle führten zu erhöhtem Gewicht. Daher mußte die Tragfläche um 4,65 m² vergrößert werden. Mehr Gewicht erforderte höhere Antriebsleistung, die der General Electric Turbofan F-404 lieferte. Die Neukonstruktion hatte zwar höhere Kosten zur Folge, aber auch eine längere Einsatzlebensdauer von 6.000 Stunden bei 2.000 Trägerstarts und -landungen.

Während der Testflüge und Truppenerprobung zeigten sich zunächst Mängel, vor allem hinsichtlich Reichweite, Beschleunigung und Rollgeschwindigkeit. Der Erstflug fand am 06. Mai 1988 statt.

Es gelang, z.T. mehrere Nachteile durch eine Abhilfelösung zu beheben. So erreichte man durch eine Querruder(Aileron)-Änderung mit der Verbesserung der Rollgeschwindigkeit zugleich eine Minderung der Trägerdeck-Landegeschwindigkeit.

▼ Der zweisitzige F/A-18D-Prototyp der Nachtangriffsversion *Night Attack* mit IR-Wärmebild-Navigationssystem TINS (Thermal Imaging Navigation Set) von Hughes bei einem Testflug über dem Farmland nahe St. Louis in Missouri.

◄ Der F/A-18-Einsitzer hat ein sogenanntes »Glas«-Cockpit mit neuester Computertechnologie. Auf drei Multifunktions-Farbbildschirmen und dem HUD (Head-up Display) sieht der Pilot alle aktuellen Informationen über den Flugbetriebs- und Bordsystemzustand, die Luftlage usw.

und Querruder (Ailerons) steuert der Zentralcomputer, wodurch die Flügelprofilwölbung permanent optimiert wird. Dadurch wird immer das beste Profil für das jeweilige Flugmanöver und die Höchstleistung sichergestellt. Mit dem FbW-Flugsteuerungssystem kann der Pilot die Maschine voll ausfliegen, ohne auf konstruktive Beanspruchungs- und Lastgrenzen Rücksicht zu nehmen. In extremen Kampf- und Notsituationen kann der Pilot die Computerautomatik manuell übersteuern.

Cockpit

McDonnell Douglas mußte beim F/A-18-Cockpitentwurf von vorn anfangen. Schließlich entstand ein »aufgeräumter«, einfach und zweckmäßig ausgelegter moderner Führerraum. Mit vielen Funktionsüberwachungen und -anzeigen verringert der Bordrechner die Arbeitsbelastung des Piloten drastisch. Die für Flugdurchführung und Luftkampf erforderlichen Informationen zeigt das HUD dem Piloten an, zusätzliche Daten kann er durch einen kurzen Blick auf einen der drei CRT-Bildschirme (HDD – Head-Down Display) auf dem Instrumentenbrett ablesen. Eine farbige Digital-Rollkarte von Honeywell mit auf Laser-CD gespeicherten Daten zeigt die aktuelle Navigationsposition an.

Während der Borderprobung brach ein Fahrwerk, das Flugzeug wurde beschädigt, das Problem jedoch durch eine geringfügige Konstruktionsänderung behoben.

Obwohl die F-18 als trudelsicher galt, ging eine Maschine durch Trudeln verloren. In 110 Testflügen wurden die Unfallbedingungen nachgeflogen, die Trudelursache gefunden und abgestellt. Mit einem »Trudel-Knopf« am Flugsteuerungs-Computer konnte der Pilot nun das Trudeln manuell gesteuert beenden und sich die dazu erforderlichen Knüppelstellungen auf den Bildschirm holen. Nach dem Umprogrammieren des Rechners wurde der »Spin button« verzichtbar.

Steuerung

Die Steuerflächen der *Hornet* bilden eine Kombination der elektronischen Quadruplex-Fly-by-Wire (FbW) mit elektrischem Backup für alle Ruder sowie einem direkten mechanischen Backup für das integral bewegliche Höhenleitwerk (Flying Tail). Die Funktionen der Flügelklappen, Nasenklappen (Slats)

► Eine kanadische CF-18 steigt über der Winterlandschaft senkrecht in den Himmel. Kanada wurde 1980 mit dem Kauf von 138 Flugzeugen erster Auslandskunde. Gut erkennbar ist das auf die Rumpfunterseite schwarz aufgemalte »Cockpit«.

Radar und Sensoren

Hauptsensor der F/A-18 ist das kohärente Puls-Doppler-Radar AN/APG-65, das im jägerüblichen Bereich von 8-12,6 GHz arbeitet. Der Doppler-Effekt erlaubt die Unterscheidung von beweglichen Zielen und Bodenechos (Ground Clutter). Als Multifunktionsradar ist es mit dem Bordzentral-, Feuerleit- und Navigationsrechner gekoppelt. Cockpit-Bildschirme zeigen dem Piloten alle bedrohenden Fremdsensoren und laufend optimierte Waffenauswahl-, Leit- und -einsatzdaten an. Bordeigene BITE (Built-In Test Equipment)-Test- und Prüfgeräte überwachen die Funktionen von Radar und Avionik und signalisieren Fehler oder Ausfälle sofort.

Für Nacht- und Schlechtwetterangriffe ist die zweisitzige F/A-18D mit FLIR (Forward-Looking Infra-Red)- und LST (Laser Spot Tracking)-Außenbehältern anstelle der inneren AIM-7 *Sparrow*-LFK ausgerüstet. Der FLIR-Pod liefert dem Bordrechner Zieldaten und dem Piloten ein TV-Wärmebild. Fallweise trägt die Besatzung dazu Nachtsichtbrillen. Der Computer berechnet die optimale Waffenwahl aus mitgeführter Beladung sowie Feuerleit- und Einsatzdaten. Der Laser-Spot ist zur Zielauffassung und -verfolgung für die eigenen Bordwaffen, aber auch zur Zielmarkierung für andere Flugzeuge einzusetzen. Dieses Verfahren wird oft zwischen verschiedenen Jäger- und Hubschraubertypen praktiziert.

Triebwerke

Die YF-17 wurde anfangs von zwei General Electric JY-101 Turbinentriebwerken mit je 6.800 kp Standschub und niedrigem Nebenstromverhältnis angetrieben. Der nachfolgende Turbofan F404 mit einem Nebenstromverhältnis von 0,34 war dann zur Deckung des erhöhten Leistungsbedarfs der F/A-18 verfügbar und erwies sich als sehr zuverlässig. Der Sekundärluftstrom dient anstelle von Außenluft der Triebwerkskühlung. Die Schubleistung von 7.260 kp entspricht etwa dem J-79 Triebwerk der F-104 *Starfighter*. Die Innenbetankung beträgt rund 2.000 kg.

Bordwaffen

In der Luftüberlegenheitsjagd ist die F/A-18 mit einer elektrisch angetriebenen, sechsläufigen General Electric M61A1 *Vulcan* (Gatling)-Kanone in Rumpfbugmitte mit 570 Schuß (Trommelmagazin) bewaffnet. Mündungsfeuer, Rauch und Patronenhülsen beeinträchtigen so die Sicht des Piloten nach vorn nicht. Das Bugradar ist stoß- und vibrationssicher gelagert. Probleme gab es damit bisher nicht.

Zur LFK-Bewaffnung der F/A-18 gehören AIM-9L/M *Sidewinder* (IR) an den Flügelenden für Nahluftkampf und Selbstverteidigung (späterer Ersatz durch AIM-132A ASRAAM [Advanced Short-Range Air-to-Air Missile]) sowie Allwetter-Radar-AIM-7F/M *Sparrow* für den Distanzluftkampf (BVR – Beyond Visual Range) oder neuere AIM-120A AMRAAM [Advanced Medium-Range Air-to-Air Missile]).

Gegen Boden- und Schiffsziele steht eine große Palette von Abwurfwaffen zur Verfügung. Zum Präzisionsangriff auf harte (verbunkerte oder gepanzerte) Ziele dienen z.B. 970 kg schwere Laser-Lenkbomben Mk.82 oder AGM-65 *Maverick* Luft/Boden-Lenkwaffen. Gegen Radarstellungen wird die AGM-88A HARM (High-Speed Anti-Radiation Missile) eingesetzt. Als Abstandswaffe gegen feindliche Kriegsschiffe ist die AGM-84 *Harpoon* mit rund 110 km Reichweite eingeführt.

▼ Eine F/A-18 der US Navy wird zum Katapultstart vorbereitet. *Hornets* kamen 1985 zuerst an Bord des Flugzeugträgers USS *Constellation* zum Einsatz. Im Golfkrieg flogen F/A-18 ein Drittel aller Bordeinsätze der US Marine.

Diese F/A-18 der Trägerjagdbomberstaffel VFA-82 ist mit (je vier) konventionellen »Eisen«-Bomben an den Flügelpylons, je einem *Sidewinder* L/L-LFK an den Flächentips und einem Zusatzabwurftank in Rumpfmitte beladen.

Die Höchstaußenlast beträgt mit weniger Innenkraftstoff beim Start und späterer Luftbetankung zur Reichweitenverlängerung über 7.700 kg.

Leistungen

Die F/A-18 erreicht eine Höchstgeschwindigkeit von Mach 1,8+ in Höhen über 10.900 m und eine der F-16 vergleichbare Steigrate von über 11.000 m/min. Nur im anhaltenden Dauerkurven ist die F-16 besser. Ein Luftkampf zwischen diesen beiden annähernd gleich starken Jägern dürfte durch das frühere Entdecken des anderen entschieden werden. Dies gilt generell für moderne Jagdflugzeuge und machte Jägerführung und Einsatzkontrolle durch Frühwarn-, Luftraumüberwachungs- und Jägerleitflugzeuge wie Grumman E-2C *Hawkeye* der Marine und Boeing E-3A *Sentry* AWACS (Airborne Warning And Control System) notwendig.

Die F/A-18 ist ein bewährtes, leistungsfähiges Mehrzweckkampfflugzeug mit guter Luftkampffähigkeit und Wartbarkeit sowie vielseitigen Bewaffnungsarten. Die weiterentwickelten Versionen F-18E/F werden noch im 21. Jahrhundert fliegen.

Technische Daten F/A-18	
Spannweite, m	11,43
Länge, m	17,07
Höhe, m	4, 66
Triebwerke: General Electric F404-GE-400 Turbofans 2x7.250 kp Standschub, zusammen 14.500 kp	
Höchstgeschwindigkeit (über 15.000 m), Mach	1,8+
Gipfelhöhe, m	17.500

Ein Mehrzweckjäger F/A-18 kurvt von seinem »Wingman« weg, beide Flugzeuge sind mit hitzeansteuernden AIM-9 *Sidewinder*-Luftkampflenkwaffen und einem 1.130-Liter-Zusatztank beladen.

BAe/McDONNELL DOUGLAS AV-8B *Harrier II*

Der von Hawker Siddeley (später BAC – British Aircraft Corp., heute BAe – British Aerospace) entwickelte Senkrechtstarter P1127 *Kestrel*, seit 1974 P1154/74 *Harrier* genannt, wurde zur heutigen *Harrier II* weiterentwickelt. Außer beim US Marine Corps fliegt sie bei der indischen, italienischen und spanischen Marine und ist der einzige, im Einsatz bewährte VTOL (Vertical Take-Off & Landing)-Jäger der Welt. In Deutschland entwickelte Senkrechtstarter fielen seinerzeit der geänderten NATO-Strategie zum Opfer. Die VFW VAK-191B diente offensichtlich der sowjetischen Yak-38 *Forger* als Vorbild, während der VTOL-Versuchsjäger EWR VJ-101X der erste, bisher einzige Überschallsenkrechtstarter war.

In Frankreich schlug Michel Wibault 1956 ein ähnlich einfaches Projekt für die US-MWDP (Mutual Weapons Development Program)-Ausschreibung vor, mit der man erfolgversprechende europäische Waffensystementwicklungen fördern wollte. Wibault und Gordon Lewis reichten dafür im gleichen Jahr ein Patent ein, das als P1127 gegenüber anderen damaligen Entwürfen mit bis zu neun Triebwerken nur eine Turbine, jedoch mit vier 90° schwenkbaren Schubdüsen für Start und Marschflug aufwies.

Dieses Triebwerk sollte zum Drehmomentausgleich gegenläufige Hoch- und Niederdruckverdichter und Vollkammerverbrennung (PCB – Plenum-Chamber-Burning) erhalten. PCB vermehrt den Schub eines VTOL-Triebwerks mit Schwenkdüsen ähnlich dem Nachbrenner. Bei

Bristol in England entstand so 1959 das erste *Pegasus*-Triebwerk, dem 1960 das Turbofan *Pegasus 2* folgte.

In den 60er Jahren verwarfen Politiker in Frankreich und England viele militärische Programme. Die P1127 überlebte nur durch firmeneigene Finanzierung und führte den ersten Senkrechtstart am 21.10.1960 aus. Der zweite Prototyp flog konventionell erstmals am 21.10.1961. Im Tiefflug wurden 925 km/h, 6g-Kurven, über 12.200 m Höhe und im Stechflug Mach 1,2 erreicht. Die verbesserte *Kestrel*-Version bildete die Grundlage für eine RAF-Forderung nach einem einfachen Angriffs- und Aufklärungsflugzeug als Ersatz der Hawker *Hunter*. So entstand das spätere *Harrier*-VTOL-Kampfflugzeug.

Sechs Versuchsmuster wurden danach für eine Einsatzlebensdauer von 3.000 Stunden im Hochgeschwindigkeitstiefflug gebaut. Deutschland beteiligte sich damals an der *Tripartite*-Erprobungsstaffel. Steigendem Gewicht mußte man die Triebwerksleistung anpassen. Die AV-8A, etwa der britischen *Harrier GR.1* entsprechend, konnte so mit 3.625 kg Waffenlast beladen werden.

▼ Drei AV-8B der MCAS (Marine Corps Air Station) Cherry Point, N.C., auf einem Übungseinsatz über der Sierra Nevada.

▲ Eine AV-8B des USMC beim Kurzstart von einem vorgeschobenen Feldflugplatz.

Triebwerk

Das Rolls-Royce *Pegasus*-Turbofantriebwerk entstand 1957 bei der Bristol Ltd als B.E.53 *Orpheus* und ist in der Luftfahrt einzigartig, seine Frontfans liegen vor dem vorderen Hauptwellenlager dicht beieinander. Verbesserte Vibrationstrimmung hält die übliche Resonanzfrequenz außerhalb des Triebwerkdrehzahlbereichs. Die Kaltdruckluft des dreistufigen Niederdruckverdichters sorgt über das vordere Schwenkdüsenpaar für Auftrieb und Schub. Die Hochdruckheißluft trat aus dem hinteren Düsenpaar aus. Fan und Hochdruckverdichter hatten noch getrennte Ansaugöffnungen, der Schubstrahl war nur teilweise schwenkbar.

Bei 90,5° Schwenkstellung ist die Steuerung der vier Vektorschubdüsen kritisch. Zur störungsfreien Kontrolle der vier synchron bewegten Schwenkdüsen leitet man 400° C heiße Hochdruckverdichterluft über zwei Differentialgetriebemotoren an beiden Triebwerkwellenenden, die die Schubdüseneinstellung über Kettenantriebe regeln. Bei Ausfall eines Getriebemotors arbeitet der zweite mit halber Geschwindigkeit weiter. Dieses bewährte System verstellt die Schubdüsen mit bis zu 100°/sec.

Jahrelang suchte das US Marine Corps nach einem guten taktischen Jäger und wartete weitere *Harrier*-Verbesserungen zunächst ab. Auf der Farnborough SBAC-Airshow 1968 ordnete der USMC-Kommandeur, General Leonard C. Chapman, die Evaluation des Flugzeugs für das USMC an. Danach wurden 114 Maschinen bestellt. Bald darauf erfolgte neben britischer Produktion die US-Lizenzfertigung bei McDonnell Douglas.

1970 begann der operative *Harrier*-Einsatz in Europa mit vielen Eignungstests von vorgeschobenen Feldflugplätzen aus. Vier bis 12 simulierte Einsätze wurden täglich von den Testmaschinen ohne Anlehnung an übliche Versorgungsbasen geflogen. Bald zeigte sich, daß Kurzstarteinsätze effektiver als Senkrechtstarts waren und höhere Waffenzuladung und Betankung ermöglichten.

Die STO (Short Take-Off)-Technik ist einfach. Der Fahrtmesser wird bei vorgewählter Geschwindigkeit markiert, der Düsenschwenkwinkel auf 50° begrenzt. Das Flugzeug wird beim Start mit 50% Triebwerksleistung durch die Radbremsen gehalten, bis 100% Leistung erreicht sind. Bei dieser Fahrtmesseranzeige springt die Düseneinstellung binnen einer halben Sekunde auf die 50°-Marke, die *Harrier* hebt durch kombinierten Hubschub und Flügelauftrieb schnell ab. Mit zunehmender Fluggeschwindigkeit schwenken die Schubdüsen zügig in die 0°-Marschflugstellung. Das Flugzeug hat mehr Schubkraft als Eigengewicht und beschleunigt sehr schnell. Es soll leichter als andere Angriffsflugzeuge zu fliegen sein.

Harrier können von schmalen Waldlichtungen, Schiffen oder unvorbereiteten Startplätzen aus operieren. Bei schmutzigen, weichen Landepisten wird die Kurzlandung mit rund 75 km/h bevorzugt, um das Ansaugen von Fremdkörpern (FOD – Foreign Object Damage) oder heißen Abgasen ins Triebwerk zu minimieren.

▼ Dieser TAV-8B Trainer mit Tandemsitzen steigt in den Himmel über St. Louis. Die vordere Schülersitzausstattung entspricht der im AV-8B *Harrier*.

Bewaffnung

Als Angriffsflugzeug kann die AV-8A die meisten vorhandenen Außenlasten mitführen. Starr eingebaut sind zwei 30 mm-(Aden)-Kanonen mit je 150 Schuß in Waffenbeulen unter dem Rumpf. Vier Flügelstationen tragen Lasten von je 900 kg, die Rumpfaufhängung (zwischen den Kanonenpods) zudem alle Waffenarten, ausgenommen Mehrfachträger.

USMC AV-8B *Harrier II Plus* (mit Hughes F-18 Radar APG-65) sind mit AIM-9 *Sidewinder,* die *Harrier GR.7* (RAF), FRS. 2 (RN, mit Ferranti *BlueFox*-Radar) mit AIM-9 *Sidewinder,* BAe *SkyFlash* und AIM-120A AMRAAM ausgerüstet, die italienischen (14) auf dem Träger *Guiseppe Garibaldi,* die spanischen EAV-8A/B *Matador* (12) an Bord SCS *Principe de Asturias* und die indischen Mk. 51/T.60 auf INS *Vikrant* sollen AMRAAM erhalten.

Luftkampfeinsatz

Ziemlich unbekannt ist, daß anfangs nur wenige, besonders erfahrene englische Piloten das VIFF (Vector In Forward Flight)-Verfahren, d.h. die Schubdüsenverstellung im Vorwärtsflug, nutzten, bis USMC-Captain Harry Blot 1970 die *Harrier* auch in Luftkampfmanövern erprobte. Er beschleunigte die Maschine auf 925 km/h, zog die Schubdüsenverstellung abrupt auf die 98°-Grenzmarke – das plötzliche Abbremsen schleuderte ihn heftig nach vorn, folglich schnallte er sich besonders fest im Sitz an.

Weitere Flugtests und Computersimulationen ergaben, daß dies kleine, unscheinbare Flugzeug schwer auszumachen ist und Manöver fliegt wie kein anderes. Es kann den Flug unerhört schnell verlangsamen und mit Integralsteuerdüsen für den Langsam-

und Schwebeflug unerreicht eng kurven. Nach diesen Erkenntnissen verbesserten USMC und BAe den Kraftantrieb, verstärkten die Schubdüsen und erreichten durch Einbau einer Schmelzsicherung für 2,5 Minuten Vollschubflug statt zuvor nur 75 % Triebwerksleistung. So läßt sich die Schubrichtung bei jeder Geschwindigkeit, Fluglage und Höhe beliebig variieren. »Wild« nannten die Piloten dieses Ergebnis.

RN (Royal Navy) LtCdr. Doug Taylor schlug daraufhin das sogenannte »Ski-Jump«-Verfahren von einer Kurzstartrampe mit aufwärts gebogenem Ende vor. Deren Vertikalkomponente erlaubte mehr Zuladung und Reaktionszeit im Notfall. Zunächst fand dieser Vorschlag wenig Beifall bei englischen Militärs, erst 1976 begannen entsprechende regierungsseitig finanzierte Versuche damit.

Ohne Änderungen am Flugzeug selbst erreichte man so Startsprungwinkel von 20° und 4g Vertikalbeschleunigung, ausreichend für Starts mit 5.900 Gesamtzuladung bei nur 183 m Startrollstrecke. Kurz vor Ausbruch des Falkland-Konflikts verlief parallel hierzu die Einführung der *SeaHarrier* FRS.1 bei der RN, inzwischen auch des FRS.2.

Als sich 1982 eine bewaffnete Auseinandersetzung Englands mit Argentinien abzeichnete, verfügte die britische Regierung bei den Marinefliegern nur über eine Handvoll *Harrier* und *SeaHarrier.*

▼ Eine USMC AV-8B der MCAS Fallon wirft zwei gebremste Mk.82 *Snakeye*-Bomben bei einer Übung über der Wüste Nevadas ab. Die AV-8B ist mit dem ARBS (Angle Rate Bombing System) Bombenzielsystem, einem der genauesten in der Welt, ausgerüstet.

▲ Im AV-8B-Flug-
simulator trainiert ein USMC-
Pilot Landungen auf einem synthetisch dargestellten Platz.
Computererzeugte TV-Darstellung von Luftlage und Einsatzumgebung ermöglicht dem Piloten, im originalgetreuen
Cockpit des Simulators sämtliche Einsätze und Gefahrenflug-
zustände der AV-8B realistisch zu üben. Er kann kurven, steigen, stürzen, rollen, schweben, ohne selbst tatsächlich vom
Boden abzuheben.

Nur 28 *Harrier* standen für den Falklandeinsatz zur
Verfügung. Ausgebildete Piloten waren rar, nur zwei
RAF-Piloten besaßen die notwendige *Harrier*-Mari-
nefliegerqualifikation. Einige über Nacht umgerü-
stete *Harrier* wurden nach dem Einfliegen mit 14 (!)
Luftbetankungen direkt nach Ascension von Piloten
ohne Einsatzerfahrung überführt und zur Luftverteidigung und für Bodenangriffe bereitgestellt. Jagdein-
satz war bei der *Harrier*-Entwicklung nicht geplant.

Im ersten Luftkontakt dieses Konflikts fing eine
Harrier am 25. April 1982 eine argentinische Aufklä-
rungs-Boeing 707 ab. Den (zivilen) Langstreckenauf-
klärer abzuschießen, verbot das Kriegsrecht. Am
1. Mai griffen 12 *Harrier* mit anderen *SeaHarrier*
als Luftschirm erstmals argentinische Bodenziele auf
den Falklands an. Vier Abfangeinsätze wurden an
diesem Tag trotz Bedrohung durch Luftabwehrraketen geflogen. Dabei gelangen *Harrier*-Piloten je drei
bestätigte und wahrscheinliche Abschüsse. RAF-F/Lt
(Flight Lieutenant) Paul Barton erzielte mit einer
AIM-9L den ersten Luftsieg über eine argentinische
Mirage III.

Der erste *Harrier*-Verlust trat am 4. Mai bei Angrif-
fen auf Goose Green ein, wobei Lt. Nick Taylor durch

Bodenabwehrfeuer getötet
wurde. Am 20. Mai begannen lau-
fende RAF-Angriffe gegen argentinische Bodentruppen und -einrichtungen. Bis Monatsende gingen weitere drei *Harrier* durch Flak-Feuer verloren, die Piloten konnten sich jedoch retten. F/Lt Jeffrey Glover
war der einzige britische Kriegsgefangene des Konflikts. Trotz häufiger Schäden durch starken Boden-
beschuß sank die Einsatzbereitschaft der *Harrier*-
Flotte kaum unter 95 % Klarstand.

SeaHarrier waren der CAP (Combat Air Patrol)-Rolle zugeteilt, die RAF-*Harrier* zu Bodenan-
griffen eingesetzt. Im Laufe der Operation »Corpo-
rate" flogen *SeaHarrier* allein 2.376 Einsätze mit
2.675 Flugstunden. Der härteste Luftkrieg begann am
21. Mai, dem »Tag der Marine« in Argentinien. Fünf
argentinische A-4 *Skyhawk* wurden abgeschossen,
vier mit AIM-9L, eine durch Bordkanonen. Am 24.
Mai fielen drei *Mirage III* den *Harrier* zum Opfer, eine
weitere stürzte bei Fluchtmanövern ab. 23 Abschüsse
und drei weitere wahrscheinliche schrieb man den
SeaHarriern insgesamt zu. Der Senkrechtstarter bewährte sich im harten Einsatz als Angriffs- und Jagdflugzeug ausgezeichnet.

Harrier II

Seit 1976 baut McDonnell Douglas AV-8A *Harrier* in
Lizenzkooperation mit Hawker Siddeley (heute BAe).
1975 brach die englische Regierung das Gemeinschafts-

▲ Eine AV-8B
der USMC-Angriffsstaffel VMA-331
bei einer Tiefflugübung über der Wüste Nevadas. Über dem
linken Lufteinlauf ist der Betankungsschnorchel sichtbar.

Technische Daten	
Spannweite, m	9,25
Länge, m	14,11
Höhe, m	3,54
Höchstgewicht, kg	14.062
Triebwerk : 1xRolls-Royce *Pegasus 11-61,* Standschub, kp	10.900
Höchstgeschwindigkeit, (Seehöhe) km/h	1.055
	oder Mach 0,91
Gipfelhöhe, m	15.240

programm ab und überließ es den Amerikanern, die *Harrier* weiterzuentwickeln. Dies führte zu zwei verbesserten Varianten, der *Harrier II* und *Harrier II PLUS,* mit 15 % größerem, superkritischem Flügel, mehr Innentankkapazität und leistungsgesteigerten Rolls-Royce *Pegasus 11-61* Turbofans. Allein die Tragfläche wurde durch Verwendung neuer Faserverbundwerkstoffe 136 kg leichter, Auftriebsverbesserungen erhöhten die VTOL-Leistungen wesentlich.

Das neue Triebwerk leistete 10.670 kp Startschub. Damit konnte Mach 0,92 Höchstgeschwindigkeit erreicht und 6.000 kg Außenlast zugeladen werden. Die beiden 30-mm-Bordkanonen wurden durch eine buginstallierte 25-mm-Kanone ersetzt. Das modernisierte Cockpit erhielt HUD (Head-Up Display)-Frontsichtschirm, HOTAS (Hands-On-Throttle-And-Stick)-Bedienhebel, neu hinzu kamen bei der Plus-Version das APG-65 Bordradar und eine Feuerleitanlage.

Für die um Laserlenkwaffen, wie AGM-65 *Maverick,* und »intelligente« Gleitbomben erweiterte Waffenpalette sind acht Flügel- und eine Rumpfstation vorhanden. 15 Mk.82 GP-Bomben oder andere Beladungskombinationen bis zum Höchstgewicht sind möglich. Die Innenbetankung erhöhte sich auf 3.519,5 kg, dazu

kommen fallweise Abwurfzusatztanks. Mit Luftbetankung ist die Reichweite faktisch nur durch die physische Leistungsfähigkeit des Piloten begrenzt.

An der trinationalen VSTOL (Vertical and Short Take-Off and Landing)-Weiterentwicklung der (E)AV-8B *Harrier II PLUS* — entsprechend den britischen FRS.2 (RN) und GR.7 (RAF) — beteiligen sich seit 1991 Italien und Spanien. Erste 24 von 280 geplanten Maschinen bestellte kürzlich das USMC. Diese neueste Mehrzweckversion besitzt erweiterte LERX (Leading-Edge Root Extention), das F-18 Radar AN/APG-65 und damit die Fähigkeit, viele moderne Lenkwaffen (AMRAAM, *Harpoon, SkyFlash* oder *SeaEagle*) gegen Land-, See- und Luftziele bei Nacht und Schlechtwetter einzusetzen. Neben den Einsatzmustern wurden kleinere Stückzahlen Doppelsitzer-Trainer T.2/4/10 bzw. (E)TAV-8A/B (E = España) gebaut.

McDONNELL DOUGLAS F-15 *Eagle*

Die Entwicklung der F-15 geht auf den Vietnamkrieg zurück, der die Notwendigkeit eines Nachfolgemusters für die F-4 *Phantom II* verdeutlichte. Die US Air Force forderte deshalb ein Luftüberlegenheitsjagdflugzeug zur Rückerlangung und Gewährleistung der über Vietnam gegen sowjetische MiGs eingeschränkten Luftherrschaft. F-4 und andere damalige US- Kampfflugzeuge hatten im Kampfeinsatz alle Hände voll zu tun, sich selbst zu verteidigen. Die F-15 gewann die Luftüberlegenheit zurück, zwar nicht mehr über Vietnam, sondern erst 1980 am Nahost-Himmel und im Golfkonflikt 1990/91.

1965 erarbeitete die USAF die Aufgaben- und Leistungsspezifikationen für den neuen FX (Fighter Experimental)-Luftüberlegenheitsjäger, leistungsstark und wendig genug gegenüber allen bekannten und geplanten sowjetischen Jägern. Die CFS (Concept Formulation Study)-Ausschreibung ging zunächst nicht an MDD (McDonnell Douglas, den späteren Hersteller).

Anderen Konkurrenzentwürfen schenkte man wenig Aufmerksamkeit. 1967 erfolgte eine neue (RfP – Request for Proposal) Angebotsaufforderung, nach der MDD und General Dynamcis je einen sechsmonatigen Studienauftrag erhielten.

Das DCP (Development Concept Paper) der US-Luftwaffe forderte für den zweistrahligen, etwa 18 Tonnen schweren, nun F-15 genannten Jagdeinsitzer Höchstgeschwindigkeiten zwischen Mach 1,5 bis Mach 3 und hatte den *Eagle* gegen die US Navy zu verteidigen, die von der US Air Force verlangte, eine verbesserte VFAX/F-14 *Tomcat* zu übernehmen. Die Air Force argumentierte, daß weder die VFAX-F-14 ein akzeptabler F-4-Ersatz sei, noch die F-4E angesichts wachsender Bedrohung ausreichend zu modernisieren war. Die F-15 sollte zudem imstande sein, nach Erfüllung des Jagdauftrags in Zweitrolle Angriffe auf Bodenziele durchzuführen.

▼ Zwei F-15A des 36. TFW *Bitburg Eagles (BT)* aus Bitburg/
Eifel am deutschen Himmel.

▲ Ein zweisitziges Doppelrollen-Kampfflugzeug F-15E *StrikeEagle* wirft widerstandsarme »Eisenbomben« auf einen Übungsplatz in der Wüste ab. Es führt vier AIM-9M *Sidewinder* Luftkampflenkwaffen zur Selbstverteidigung mit.

Am 23. Dezember 1969 erteilte der Luftwaffen-Staatssekretär Robert G. Seamans Jr. MDD den Entwicklungsauftrag. Der Erstauftrag umfaßte 20 Maschinen, nämlich 10 Einsitzer F-15A, zwei Doppelsitzertrainer (später als F-15B bezeichnet) sowie acht einsitzige FSD (Full-Scale Development)-Vorserienflugzeuge. Der Rollout der ersten F-15 fand bei MDD in St. Louis am 26. Juni 1972 statt.

Der Prototyp wurde zerlegt und in einer Lockheed C-5A *Galaxy* zum USAF-Erprobungsplatz Edwards AFB, CA., transportiert, dort remontiert und für den Erstflug vorbereitet. Am 27. Juli 1972 startete MCAIR's (MDD) Cheftestpilot Irving Burrows damit zum Erstflug.

Im Juli 1971 hatte der US-Verteidigungsminister die Marine angewiesen, die F-15 als kostengünstige Alternativoption zum teureren F-14-Flottenjäger vorzusehen. MDD erklärte, die F-15N (N = Navy) Trägerversion mit 1.043 kg höherem Fluggewicht bauen zu können.

Die Marine hingegen konterte mit einer eigenen Studie, daß die F-15 nach durchgeführter AIM-54 *Phoenix*-Integration in Leistung und Preis inakzeptabel sei. Man entschied sich schließlich für einen Hoch/Tiefpreis-Mix. Northrop und MDD begannen mit der Produktion der F/A-18 *Hornet* für die US Navy.

Steuerung

Schnelle, leistungsstarke Flugzeuge bedingen ebensolche Steuerungsanlagen. Bei der F-15 werden die Hauptsteuerausschläge hydromechanisch betätigt, zusätzlich verstärkt durch eine redundante Fly-by-Wire-Steuerung. Im Verlauf der Flugtests erprobte MDD die optimalen Steuerkräfte für die sichere und leichte Handhabung des Flugzeugs. Die Steuerdrücke in Neutralstellung blieben bei allen Geschwindigkeiten bequem. 6g-Manöver konnte der Pilot mit einer Hand fliegen. Seitenwinde von 45-55 km/h und Anstellwinkel von 12° bei der Landung waren leicht zu meistern. Der Pilot hält die Flugzeugnase 12° hoch und steuert aerodynamisch bis zum Aufsetzen des Bugrades bei ca. 150 km/h, beim Ausrollen mit der Bugradlenkung.

Bewaffnung

Die starr in der rechten Flügelwurzel eingebaute 20-mm(-General Electric)-USAF-Standardkanone M61A1 *Vulcan* wird aus der Munitionstrommel mit 940 Schuß in Rumpfmitte gespeist. Eine Doppelzuführung fördert gurtlose Patronen zur Kanone und die Hülsen in die Trommel zurück. Zum Aufmunitionieren am Boden

dient eine spezielle Vorrichtung. Die Kadenz der Waffe beträgt 6.000 Schuß/min. Für knapp 10 Sekunden Dauerfeuer reicht der Munitionsvorrat.

Zur Primärbewaffnung gehören Radar- Luftkampflenkwaffen AIM-7F *Sparrow*, modernere Hughes AIM-120A AMRAAM als BVR (Beyond Visual Range)-Waffe im Fernluftkampf und IR-gelenkte AIM-9M für den Nahluftkampf. Derzeit sind die Versionen F-15C (einsitzig) und F-15D (zweisitzig) im Truppeneinsatz. Aus letzterer wurde die F-15E *StrikeEagle* als schwerer Jagdbomber mit einer Außenlastkapazität von 11 Tonnen entwickelt. Zu vielfältigen Beladungskombinationen (u.a. lasergelenkte 907-kg-Gleitbomben Mk. 82 an MER-200 [BRU-26A/B] Mehrfachträgern) gehören Anti-Radar-AGM-88A HARM und TV-gelenkte AGM-65 *Maverick*-Flugkörper.

Leistungen

Mit zwei Pratt & Whitney F100-PW-100 Turbofans von je 6.600 kp Schub (ohne Nachbrenner) bzw. 10.900 kp (mit NB) besitzt die F-15 ein sehr gutes Gewicht/Schubverhältnis. Sie steigt vertikal mit Mach 1 und erreicht 2.700 km/h in 14,5 km Höhe.

▼ Ein mit »Eisenbomben« und *Sidewinder*-LFK bewaffneter Doppelrollenjäger F-15E *StrikeEagle* über der Wüste von Arizona.

▲ Die Steuerungsanlage
der F-15E wurde im MDD-Flug-
simulator gründlich getestet. Der WSO (Waffensystem-
offizier/Weapons System Operator) auf dem Rücksitz hat vier
Multifunktionsfarbbildschirme vor sich, die ihm jede notwendige Information über die Flugzeug- und Waffensysteme
liefern.

Die F-15 steigt rasant und kurvt zumindest ebenso
eng wie die F-4E. Leistungsgesteigerte Triebwerke
von Pratt & Whitney und General Electric werden die
Kampfkraft künftig weiter verbessern.

Die Bordavionik der F-15 gehört zur derzeit modernsten Ausrüstungstechnologie. Auf dem HUD
(Head-Up Display) im Frontblickfeld sieht der Pilot
alle zur Durchführung von Flugeinsatz und Kampf-
auftrag erforderlichen aktuellen Informationen. Außerdem zeigen ihm drei Farbmonitore (HDD – Head-
Down Display) im Instrumentenbrett vom IBM-Bord-
rechner aufbereitete Flug- und Sensorinformationen
an. Positionsdaten liefert das Litton AN/ASN-109-
Trägheitsnavigationsgerät. Außerdem sind alle, auch
die zivilen Radionavigationsmittel, wie TACAN (Tactical Air Navigation), ADF (Automatic Direction
Finding)-Peiler und ILS (Instrument Landing System)-
Blindlandesystem vorhanden. Das Hughes Multi-
funktions-Puls-Dopplerradar AN/APG-63 als Haupt-
bordsensor mit 160 km Reichweite besitzt Look-
Down/Shoot-Down-Fähigkeit, d.h. es kann sowohl
hoch als auch tieffliegende Ziele erfassen und verfolgen.

Im Laufe der Er-
probung des ASAT (Anti-Sa-
tellite)-Waffensystems trug eine F-15 den 1.225 kg
schweren, 5,43 m langen Flugkörper mit 50 cm
Durchmesser auf die Starthöhe von 24.000 m. Nach
zwei erfolgreichen Testeinsätzen wurde das ASAT-
Programm vom amerikanischen Kongreß gestoppt.
Man fürchtete seinerzeit, es verstoße gegen den so-
wjetisch-amerikanischen Antisatellitenvertrag.

Kampfeinsatz

Im Konflikt mit Syrien 1979 kamen israelische F-15
als erste zu Luftsiegen, über 80 syrische Jets sollen dabei abgeschossen worden sein. Im Golfkrieg
1991 bildeten amerikanische und golfalliierte F-15
das Rückgrat der vereinigten Luftstreitkräfte im
Kampf gegen irakische Luft- und Bodenziele. Auch
saudische *Eagle*-Piloten sollen an Abschüssen der
in den Iran fliehenden irakischen Militärflugzeuge
beteiligt gewesen sein. Die F-15 erwies sich den
schlecht trainierten, meist sowjetische Flugzeuge
fliegenden irakischen Piloten uneingeschränkt überlegen. Während über 100 Feindmaschinen in Luft-
kämpfen abgeschossen wurden, ging keine einzige
F-15 dabei verloren.

Technische Daten F-15A	
Spannweite, m	13,07
Länge, m	19,43
Höhe, m	5,65
Höchststartgewicht, kg	18.500
Triebwerke : 2 x Pratt & Whitney F100-PW-100 Zweikreis-Zwei-wellen-Turbofans mit Nachbrenner, je 6.520 kp Stand-schub (ohne Nachbrenner), 11.350 kp (mit NB)	
Höchstgeschwindigkeit (über 12.000 m Höhe),	Mach 2,54
Höchstreichweite, km	4.900
Gipfelhöhe, m	31.450

▲ Mit dieser zum S/MTD (STOL Maneuver Technology Demonstrator) modifizierten F-15B erprobte MDD die von Pratt & Whitney entwickelte Schubvektorsteuerung und -umkehr erstmals am 10. Mai 1989. 2D-Schubvektordüsen sind für künftige F-15-Versionen und die F-22 *Lightning II* der späten 90er Jahre vorgesehen.

▲ Die F-15B M/STD Experimentalversion in der Durchsichtszeichnung. Ihre Auslegung ähnelt der F-15E.

Die zunächst bis ins 21. Jahrhundert hinein geplanten Folgeversionen der F-15E, einschließlich Aufklärer- und *Wild Weasel*-Varianten, mit stärkeren und zuverlässigeren Triebwerken von Pratt & Withney und General Electric, höherer Waffenzuladung und Zielgenauigkeit, modernen Lenkwaffen, Sensoren, Navigations- und Radarausrüstungen wurden nach der USAF-Entscheidung für die F-22, den neuen geostrategischen Entwicklungen und weiteren Haushaltskürzungen fragwürdig. Voraussichtlich muß die Fertigung nach Auslieferung der letzten 72 F-15S an Saudi-Arabien eingestellt werden.

LOCKHEED (General Dynamics)
F-16 *Fighting Falcon*

Kampfflugzeugentwicklungen von der P-51 *Mustang* im Zweiten Weltkrieg bis zur F-15 der Gegenwart sind durch rasant steigende Leistungen, Größenordnungen, aber auch Kosten gekennzeichnet. Jeder neue Typ wurde zwangsläufig besser und größer, somit immer teurer. Dieser Trend zwang die USAF, einen kostengünstigeren, äußerst wendigen Mach 2-Leichtjäger als Ergänzung der schweren und teuren F-15 zu fordern. Auch die NATO-Luftwaffen mußten die betagte Lockheed F-104 *Starfighter* ersetzen. Die F-16 wurde für die belgische, holländische, dänische, norwegische sowie nachfolgend für die türkische Luftwaffe in Europa lizenzgefertigt.

Major John Boyds Theorie über »Energie-Manöverfähigkeit« wurde bei der F-15-Entwicklung berücksichtigt, stieß jedoch bei der F-16 auf Widerstand. Theorie und Konzept standen dem traditionellen Denken mancher Verantwortlicher entgegen und wurden als Bedrohung des F-15-Programms betrachtet. Major Boyd setzte sich aber während seiner Zugehörigkeit zur USAF-Prototyp-Studiengruppe durch. Als damals stellvertretender Verteidigungsminister favorisierte David A. Packard eine Vergleichserprobung, um rapide steigenden Entwicklungskosten zu begegnen. Daraus gingen die Prototypen YF-16 und YF-17 hervor.

Fünf Herstellerfirmen reichten Vorschläge zur USAF-Ausschreibung für den neuen Jäger ein. General Dynamics (YF-16) und Northrop (YF-17) erhielten Aufträge zum Prototypenbau. Nach der Vergleichserprobung wurde die YF-16 am 13. April 1972 für die Serienproduktion ausgewählt.

Das General Dynamics (jetzt Lockheed)-Entwurfsteam übertraf die USAF-Forderungen in mancher Hinsicht. Die beispielsweise von der USAF bei einem Lastfaktor von 7,33g verlangten 80 % Innenbetankung konnten auf 9g bei vollen Integraltanks erhöht werden. Auch wies die konstruktive Auslegung mehr als das spezifizierte Wachstumspotential auf. Die Tankanordnung sah vor, Außenkraftstoff (in Abwurfbehältern) für den Anflug zum Kampfraum, die Innenbetankung für den Kampfeinsatz und Rückflug zu nutzen.

▼ Eine (von 14 bestellten) F-16N(C) der US Navy startklar auf dem Hallenvorfeld.

Das Triebwerk F100-PW-100 mit max. 11.350 kp Schub ist auch in der F-15 eingebaut.

21 Monate nach Auftragserteilung an GD erfolgte der von der USAF sehnlich erwartete Rollout. Den Prototyp brachte eine C-5A *Galaxy* zum Erprobungsplatz Edwards AFB. Bei Erprobungsbeginn wurde aus dem ersten Schnellrollversuch ungewollt der inoffizielle Erstflug. Um bei 241,4 km/h auftretende Ruderschwingungen zu meistern, hob Testpilot Phil Oestricher die Maschine kurzerhand ab und landete sie nach kurzem Flug sicher. Die Toleranz im Fly-by-Wire-Flugsteuerungssystem am Boden wurde um die Hälfte verringert und nach dem Abheben automatisch auf den Vollwert vergrößert.

Beim dritten Testflug wurden 5g-Kurven bei fünf Minuten Überschallflug mit Mach 1,2 geflogen. Aufgrund guter Flugleistungen der ersten YF-16 (und YF-17) entschied der damalige Verteidigungsminister James R. Schlesinger noch vor dem Erstflug des zweiten Prototyps, dieses Flugzeug zum einsatztüchtigen ACF (Air Combat Fighter) weiter zu entwickeln. Vergleichsflüge zeigten bald, daß die F-16 der sowjetischen MiG-21 weit überlegen und erwartungsgemäß auch der MiG-29 gewachsen war. Am 13. Januar 1975 wurde dieses Baumuster als Gewinner des Jägerwettbewerbs ausgewählt.

Die USAF sah zunächst einen Auftragsumfang von 650 Flugzeugen vor, die US Navy 800. Auch europäische NATO-Partner drängten auf eine schnelle Lizenzbauentscheidung mit der Einführung als Standardjäger. Die US Marine stieg im Januar 1975 aus dem Programm aus, da ihr

angeblich nicht genügend Entscheidungsgrundlagen zur Verfügung standen. Sie setzte die Vergleichserprobung beider Prototypen fort, entschied sich aber für keinen der beiden Konkurrenten. Am 2. Juni 1975 wählten Belgien, Dänemark, Holland und Norwegen die F-16 als Standardjäger aus. Seither läuft die Serien- und Lizenzfertigung vorerst bis 1999 weiter, mehr als 3.300 F-16 sind bislang für 16 Luftwaffen gebaut worden.

Bewaffnung

Sie besteht aus der sechsläufigen 20-mm-USAF-Standardkanone M61A1 *Vulcan* mit 560 Schuß gurtloser, in Rumpfmitte untergebrachter Munition. An den Flügelenden werden AIM-9 *Sidewinder*-Luftkampflenkwaffen mitgeführt.

Weitere neun Laststationen nehmen eine Vielfalt unterschiedlicher Beladungen bis zu 5.000 kg für Luftkampf und Bodenangriff auf. Dazu gehören

---

▼ Eine mit AIM-9 *Sidewinder* und AGM-88A HARM Anti-Radar-Lenkwaffen bestückte F-16C *Wild Weasel* des 52. TFW aus Spangdahlem auf einem Übungstiefflug vor der Burg Hohenzollern.

▲ Zwei F–16A des 50. TFW aus Hahn bei einem Übungsflug über dem Rhein. Unter der einteiligen Klarsichthaube hat der hoch sitzende F–16–Pilot nahezu unbegrenzte Rundumsicht. Einzig notwendige größere Körperbewegung des Piloten ist, den Kopf zur Luftraumbeobachtung zu wenden.

AIM-7 *Sparrow* und AIM-120A AMRAAM, AGM-88A HARM (*Wild Weasel)*, Mk. 82-Laserlenkbomben (907 kg), IR-gelenkte AGM-65 *Maverick*, oder 25x227 kg Mk.82 GP-»Eisenbomben« an Mehrfachträgern.

Leistungen und Handhabung

Der Pilot der F-16 sitzt unter der Klarsichthaube im 30° rückgeneigten Schleudersitz, die Steuerorgane sind im HOTAS-Side-Stick auf der rechten Konsole zusammengefaßt. Das Flugzeug beschleunigt beim Start schnell, das Bugrad hebt bei 230 km/h, die Maschine bei 260 km/h vom Boden ab. Im 60°-Steigflug liegt der Pilot horizontal, selbst im Vertikalsteigen beschleunigt die Maschine weiter.

Für Flugmanöver bewegt der Pilot den Sidestick nur millimeterweise, die Ruderpedalen um Zentimeter. Der Kopf hingegen kann sich frei bewegen. Das HUD (Head-Up-Display) dient nach Kabinenabwurf als Notwindschutzscheibe. Die F-16 kurvt wie die F-14 *Tomcat* und F-20 *Tigershark* mit 20°/s kaum langsamer als die F/A-18.

Während des Golfkriegs sicherten F-16 des TAC (Tactical Air Command) den Luftraum über dem Kampfgebiet. Pausenlos flogen sie — alles andere als »leichtgewichtig« — im Laufe der Operation *Desert Storm* auch Angriffe auf irakische Bodenziele.

Eine F-16C des 57. FWW (Fighter Weapons Wing), Nellis AFB, NV., im Landeanflug, Fahrwerk, Landeklappen und Luftbremsen sind ausgefahren.
▼

Kampfeinsätze

Am 2. Juli 1980 erhielt Israel die ersten F-16, denen monatlich vier, für die Heil'Avir modifizierte Flugzeuge mit heimischer Avionik und Computer-Software folgten. 14 Monate später griffen diese Maschinen das im Bau befindliche irakische Atomkraftwerk Osirak nahe Bagdad an. Obwohl ursprünglich als Jäger mit geringerer Reichweite ausgelegt, wählte Israel die F-16A/B für diesen Langstreckeneinsatz aus. Nach zuverlässigen Berichten führten acht bombenbeladene F-16 mit sechs F-15 als Jagdschutz diese heikle Mission durch. Der Überraschungsangriff gelang am Sonntagmorgen um 06.00 Uhr und traf lediglich auf leichtes Flakfeuer, weder irakische Luftabwehrraketen noch Abfangjäger wurden beobachtet. Bisheriger Kenntnis nach erzielten die Israelis mehrere Volltreffer mit Präzisionslenkwaffen oder »Eisenbomben«. Die zweite Welle von vier F-16 warf nach den durch die erste Welle verursachten großen Schäden keine Bomben mehr ab. Alle Maschinen kehrten unversehrt zum Heimathorst zurück.

1982 kämpften F-16 über der libanesischen Bekaa-Hochebene gegen die syrische Luftwaffe. Die mit sowjetischem Fluggerät (MiG-21 *Fishbed*, MiG-23 *Flogger* und Su-22 *Fitter*) fliegenden Syrer verloren dabei 92 Maschinen, 44 Abschüsse schrieb man israelischen F-16, 40 ihren F-15 zu.

Technische Daten

Spannweite, m (m. AIM-9)	10,0
Länge, m	15,03
Höhe, m	5,09
Höchstgewicht, kg	16.100
Turbofan-Triebwerk: Pratt & Whitney F100-PW-100/220-II mit 11.340/ 13.100 kp Nachbrennschub oder General Electric F110-GE-100	
Höchstgeschwindigkeit, Mach	2,2+
(bodennah) Mach	1,1
Gipfelhöhe, m	18.250

► Eine F-16 der *Gamecocks* (19. TFS/363. TFW) in senkrechtem Steigflug.

MiGs — Ein Überblick

Dieses Kürzel für die sowjetisch-russischen Konstrukteure und Hersteller Artem Mikoyan und Mikhail Gurevich hatte schon im Zweiten Weltkrieg, dem aus sowjetischer Sicht »Großen Vaterländischen Krieg«, große Bedeutung. Mikoyan leitete seine Werke seit dem 34. Lebensjahr bis zu seinem Tode 1970. Sein erster großer Wurf war der MiG-1 Höhenjäger, dann das erste Strahlflugzeug, die MiG-9 *Fargo*. Ihr folgte die aus dem Koreakrieg bekannte MiG-15 *Fagot*. Der erste Überschalljäger überhaupt war die MiG-19 *Farmer*, die der USAF im Vietnamkrieg schwer zu schaffen machte.

Als Antwort auf die F-104 *Starfighter* der NATO und die englische *Lightning* machte die MiG-21 *Fishbed* in den 50er Jahren Luftfahrtgeschichte. Noch heute fliegen Tausende von über 8.000 insgesamt gebauten in aller Welt. Diese Produktionszahlen wurden nur von der MiG-23/27 *Flogger* und der amerikanischen F-4 *Phantom II* mit jeweils über 5.000 Stück annähernd erreicht. Von der MiG-29 *Fulcrum* fliegen einige Hundert, davon auch 24 im JG 73 der deutschen Luftwaffe.

Bis heute steht die weltbekannte Typenbezeichnung MiG für die besten Hochleistungsflugzeuge aus dem Osten. Noch vor wenigen Jahren stellten MiGs eine ernste Bedrohung und Herausforderung des Westens dar. Auch die neuesten MiGs des Mikoyan Konstruktionsbüros (OKB) in Moskau gehören zu den leistungsstärksten Kampfflugzeugen der Welt.

Treibende Kraft für die bemerkenswerten Entwicklungs- und Produktionsleistungen des riesigen militärisch-industriellen Komplexes der Sowjetunion, der trotz desolater GUS-Wirtschaft noch in weiten Teilen existiert, war der bolschewistische Weltimperialismus und die — wie man heute weiß — wenig begründete Furcht vor militärischer Bedrohung aus dem Westen. Manche

östlichen Neuentwicklungen hatten auffallende Ähnlichkeit mit westlichen Typen, jedoch waren sie bisher auf östliche Erfordernisse zweckentsprechend zugeschnitten. Diese Feststellung soll Leistung und Erfindungsgabe der MiG-Ingenieure keinesfalls schmälern. Werden neue Technologien im Westen alsbald in neue Systeme integriert, so entwickelte man im Osten bislang nur das technologisch Notwendige für möglichst Einfaches und Zweckmäßiges. Hierin sieht man den Grund für östlichen Rückstand, etwa auf dem Avioniksektor.

Die Sowjetunion entwickelte erst ein Look-Down/Shoot-Down-Radar zur Bekämpfung hoch- und tieffliegender Feindflugzeuge und Marschflugkörper, nachdem der amerikanische Tiefflugbomber B-1 die Sowjets besorgt machte. Ihre Antwort auf die F-15- und F-16-Zwillinge bestand in der Su-27 *Flanker* und MiG-29 *Fulcrum*. Dies wiederum rief eine Überreaktion in den USA und einigen westlichen Ländern hervor, die beim Auftauchen der MiG-25 *Foxbat* fast an Hysterie grenzte.

Bisher wurden MiGs — im Gegensatz zu vielen westlichen Mehrzwecktypen — für eine spezielle Einsatzrolle entwickelt und erfüllten ihre Aufgaben tatsächlich gut. An sowjetabhängige Luftwaffen wurden viele Tausend MiGs geliefert und nun wieder mit Dumpingpreisen auf dem Weltmarkt offeriert. Ostgerät ist auf schnellen Kampfverschleiß, nicht auf langen Friedenseinsatz ausgelegt und vergleichbarem westlichem Fluggerät aus ökonomischer Sicht deutlich unterlegen. Erst nach der politischen Wende im Osten begann man, Neuentwicklungen, zunehmend mit Hilfe westlicher Ausrüstungstechnologie, pilotengerechter und kostenwirtschaftlicher herzustellen.

▲ Eine MiG-21 *Fishbed* der vietnamesischen Luftwaffe.

MIKOYAN/GUREVICH MiG-25 *Foxbat*

Die MiG-25 war für die Sowjetunion und die USA ein gleichermaßen teures Jagdflugzeug. Aufgrund der vermuteten Leistungsfähigkeit dieses Abfangjägers reagierte die US-Luftwaffe mit überzogener Forcierung des F-15-Programms. Dies trieb Kosten, Größe und Komplexität der F-15 in neue Dimensionen. Allerdings wurde ihr Leistungsvermögen bis heute von anderen Flugzeugen kaum erreicht.

Anfangs der 60er Jahre sah die USAF im bemannten Bomber eine wichtige Stütze der westlichen Abschreckungstriade. Forderungen an bemannte Bomber lagen weit über denen der B-58 *Hustler*, als die nächste Bombergeneration entwickelt wurde. Das Ergebnis war der Mach 3-Höhenbomber North American/Rockwell XB-70 *Valkyrie* mit interkontinentaler Reichweite. Der Entwurf sollte auf seiner eigenen Schockwelle in Höhen über 21.000 m extrem lange im Überschallbereich fliegen.

Die XB-70 flog schneller und höher und schien damals weder von sowjetischen Jägern noch Luftabwehrraketen erreichbar. Dieser Bedrohung ihrer nationalen Sicherheit begegneten die Sowjets mit dem Langstreckenabfangjäger MiG-25 des Mikoyan-Konstruktionsbüros (OKB). Zugleich sollte dieser Jäger amerikanische B-58 Überschallbomber erfolgreich bekämpfen. Der geforderten Geschwindigkeit und Einsatzhöhe mußte man bestimmte Leistungsmerkmale

opfern, doch das Hauptentwurfsziel wurde erreicht, die Maschine flog mit Luft/Luft-Lenkwaffen in Höhen über 24.000 m bis zu 3.220 km/h schnell.

Anstelle von Aluminiumlegierungen wurde beim Bau der MiG-25 zumeist Edelstahl verwandt, Titanbeplankung für Nasenkanten und hitzegefährdete Zellenflächen gewählt, jedoch nicht im gleichem Umfang wie beim amerikanischen Höhenaufklärer SR-71 *Blackbird*. Die Gefahr von Tankleckagen überwanden die Mikoyan-Ingenieure durch neue Nickelstahl-Schweißverfahren zur Fertigung lecksicherer Kraftstofftanks. Die dadurch verringerte Betankungsmenge minderte die geplante Reichweite jedoch nicht übermäßig.

Triebwerke

Zwei starke Tumansky-R-31-Turbinentriebwerke mit großdimensionierten Nachbrennerdüsen treiben die MiG-25 an. Sie haben trotz enormen Luftdurchsatzes relativ geringen Standschub.

Aufgrund der sauerstoffreichen Ansaugluftmassen erzeugt der Nachbrenner den größten Schubanteil.

▼ Eine MiG-25 auf dem Rollweg zur Startbahn. Gut sichtbar sind die extrem langen Triebwerke mit überdimensionierten Nachbrennerdüsen.

▲ Ein MiG-25 Mach-3-Jäger mit einer großen Langstrecken-Luft/Luft-Lenkwaffe unter der Tragfläche.

Mitgeführt werden 520 kg Methanol-Wasser-Einspritzgemisch zur Kühlung der Ansaugluft. Dadurch wird zugleich der Schub verstärkt und die Triebwerktemperatur in zulässigen Grenzen gehalten. Als Ye-266/M stellte die MiG-25 15 Weltrekorde auf, u.a. mit 2.981,5 km/h und 37.650 m Höhe.

Das R-31-Triebwerk entwickelt den Höchstschub im Hochgeschwindigkeitsbereich und nur 12% mehr Standschub als der F-15 Turbofan. Die MiG-25 ist 60% schneller als die F-15A. Sie soll nicht Jäger, sondern hoch und schnell fliegende Bomber mit weitreichenden Luft/Luft-Lenkwaffen abfangen.

USAF und NATO überschätzten die Leistungsfähigkeit der MiG-25 offensichtlich im Zusammenhang mit ihren europäischen Einsatzplätzen. Sie starteten von denselben polnischen Fliegerhorsten aus wie sowjetische Mach 2,8 schnelle Langstreckenaufklärungsdrohnen. Die westliche Luftabwehr ortete die in Höhen über 27.500 m mit 1.800 km Aktionsradius operierenden Flugkörper und vermutete dahinter MiG-25 Leit- und Überwachungseinsätze. Mythen und Legenden über die MiG-25 hielten sich hartnäckig, bis Leutnant Viktor Belenko überlief und mit seiner Maschine auf dem japanischen Fliegerhorst Hakodate landete.

Bewaffnung

Die MiG-25 ist mit einem der leistungsfähigsten, je in ein Jagdflugzeug eingebauten Radargeräte ausgerüstet, um von Feindbombern erzeugte elektronische

Störfelder (ECM – Electronic Counter Measures, Elektronische Gegenmaßnahmen / Kampfführung) quasi »durchbrennen« und seine AA-6 *Arcid*-Lenkwaffen ins Ziel bringen zu können. Dieser Flugkörper mit starkem Raketenmotor und hochexplosivem 130-kg-Gefechtskopf ist etwas größer als die bekannte, bodengestützte HAWK FlaRakete und galt bis dahin als mächtigste Luft/Luft-Lenkwaffe der Welt. Zumal keine Kriegserfahrungen vorliegen, hält man diesen LFK inzwischen für ziemlich langsam und weniger wirksam gegen schnell fliegende Ziele. Das Folgesystem AA-11 *Archer* allerdings ist derzeitigen West-LFK überlegen.

Das Gros sowjetisch-russischer Piloten gilt als weniger gut geschult und zuverlässig als im Westen. Dies dürfte angesichts fortdauernder politisch-wirtschaftlicher Unwägbarkeiten und großer sozialer Probleme für weite Teile des Militärs in den GUS-Republiken weiterhin gelten.

Einsatzrolle

Sowjetische MiG-25-Abfangeinsätze und ihr Lenkwaffeneinsatz wurden überwiegend von einem Jägerführungsoffizier am Boden oder von Jägerleitflugzeugen geführt und überwacht. Beide können notfalls in automatisierte Bordsysteme eingreifen.

▼ Auf dem Abstellplatz wartet eine MiG-25 auf das Abschleppen. Die großen Lufteinläufe für die überlangen Triebwerke beiderseits des Rumpfs sind beeindruckend.

Diese Verfahren ähneln Boden/Luft-Lenkwaffen (SAM – Surface-to-Air Missile), die allerdings keine wiederholten Zielanflüge ausführen können. Die geringe Reichweite des Interzeptors (Abfangjäger) erforderte ein gut ausgebautes Netz naher Bodeneinrichtungen und Flugplätze. Waffeneinsatz über den Sichthorizont hinaus (BVR – Beyond Visual Range) gewann erst in den letzten Jahren an Bedeutung. Bis dahin genügte die relativ geringe Reichweite des energiestarken Bordradars zur erfolgreichen Zielführung und -bekämpfung mit schweren AA-6 LFK (Lenkflugkörper). Die MiG-25 trägt jedoch auch passiv-IR-gelenkte AIM (Air-Interception Missile), die radarunabhängig wärmeansteuernd ihr Ziel suchen.

Nach der alle Geheimnisse offenbarenden Untersuchung der nach Japan geflogenen MiG-25 erlaubten die Sowjets ihren Export in befreundete Länder. Einige wurden an Ägypten geliefert, ein paar an Moamar al Gadhafi in Libyen und in andere Länder. Ägyptische MiG-25R-Aufklärer wurden von den Israelis gelegentlich über der Sinai-Halbinsel mit Mach 3,2 Geschwindigkeit geortet.

Bei solch hoher Geschwindigkeitsbeanspruchung haben die Triebwerke keine lange Lebensdauer. Sowjetische Hersteller hielten deshalb den Wartungsaufwand gering und ausreichend Ersatz und Überholungskapazität bereit. Die westliche Philosophie ist eine völlig andere, doch im Osten funktionierte diese Methode zufriedenstellend.

1982 schoß die israelische Luftwaffe zwei syrische MiG-25 im Luftkampf über dem Libanon ab. Näheres darüber wurde nicht veröffentlicht. Anzunehmen ist, daß die MiGs durch LFK im »Pop-Up«-Angriff getroffen wurden.

Die Mehrzahl weiterhin eingesetzter MiG-25 entspricht dem moderneren *Foxbat-E*-Standard mit dem Bordradar der MiG-23 und leistungsfähigeren IR-Zielsuch- und Verfolgungssensoren. Die Triebwerksleistung wurde auf 14.000 kp Schub gesteigert. Die MiG-25 steht mehr als 25 Jahre im Einsatz, stellt aber immer noch eine Bedrohung für westliche AWACS (Airborne Early Warning And Control Aircraft)-Flugzeuge dar. Als Nachfolgemuster steht die MiG-31 *Foxhound* (siehe dort) in Einführung bei den russischen Luftstreitkräften.

▼ Gewaltige Nachbrenner beschleunigen die schwere MiG-25 beim Start.

Technische Daten	
Spannweite, m	13,95
Länge, m	23,83
Höhe, m	6.06
Höchstgewicht, kg	35.850
Triebwerkschub, kp	12.260–14.100
Höchstgeschwindigkeit, Mach	3,2 +
Aktionsradius, km	1.450
Gipfelhöhe, m	24.300

MIKOYAN/GUREVICH MiG-23 *Flogger*

Zu Beginn der 60er Jahre entwickelte das Mikoyan-Konstruktionsbüro (OKB) ein Nachfolgemuster für die MiG-21 *Fishbed*. Das neue Flugzeug sollte ein Mehrzweckjäger für die sowjetischen Luftstreitkräfte mit größerer Reichweite sein, horizontal schneller fliegen, besser steigen und beschleunigen als die MiG-21. (Die sowjetischen Reichweitenforderungen sind niedriger als die der USAF.) Größe und Kosten der neuen Maschine hielt man so gering wie möglich, Leistung wurde schneller Großserienfertigung nachgeordnet.

Der Schwenkflügel galt seinerzeit als beste Konstruktionslösung für die Aufgabenstellung. Alternativ bot sich ein Flugzeug mit zwei kleineren Hubtriebwerken neben dem Hauptantrieb an. Es stand zwar in kurzer, erfolgreicher Erprobung, wurde aber zugunsten des besseren und kostengünstigeren Schwenkflüglers aufgegeben. Mit gering gepfeiltem Flügel erreichte man niedrigere Start- und Landegeschwindigkeiten und mit rückgepfeilter Fläche größere Höchstgeschwindigkeit. Die rückgepfeilte, kleinere Flügelfläche mindert die Böenempfindlichkeit im Tiefschnellflug, allerdings auch die Querstabilität.

Die optimale Höhenleitwerksanordnung war deshalb ein kritischer Entwurfspunkt zur Gewährleistung flugsicherer Stabilität und Steuerfähigkeit. Für den besten Schwenkflügelansatz, etwa in der Mitte der Gesamtspannweite, mußte bei der MiG-23 ein Kompromiß zwischen Kosten, Leistung und Gewicht gefunden werden, ohne die Einsatzfähigkeit des Flugzeugs zu verringern.

Triebwerk

Die Triebwerksauswahl erfolgte nach den Einsatzkriterien. Die MiG-23 sollte nicht lange mit hoher Mach-Geschwindigkeit fliegen und nur kurze Verweilzeit über dem Ziel haben. Die Reichweitenforderung konnte mit dem spezifischen Kraftstoffverbrauch in Einklang gebracht werden.

Turbojet- und Turbofan-Triebwerke wurden in Betracht gezogen, ausgewählt wurde das fast fertig entwickelte Tumansky R-27-Triebwerk, es ähnelt dem General Electric J-79 der F-104 *Starfighter*, hat aber 25 % höhere Leistung.

▼ Eine MiG-23MF der ungarischen Honvéd-Luftwaffe mit geöffneten Cockpits wartet auf die Besatzung, der Schwenkflügel ist rückgepfeilt.

▲ Eine MiG-23 der Luftstreitkräfte der Ex-ČSSR (Tschechiens) am abendlichen Himmel. Der Schwenkflügel ist halb rückgepfeilt. Sie kann kurzzeitig mit Mach 2+ fliegen.

Bewaffnung

Anfang der 70er Jahre wurde die MiG-23 bei den sowjetischen Luftstreitkräften als Überschalljäger und -jagdbomber eingeführt. Einsatzabhängig ist eine doppelläufige 23-mm-Kanone eingebaut. Die LFK-Bewaffnung besteht aus wendigen IR-zielsuchenden R.60/AA-8 *Aphid* für den Nahluftkampf, modular auch mit halbaktivem Radarsuchkopf ausrüstbar. Für den BVR-Fernluftkampf wird der R.23/AA-7 *Apex* LFK mitgeführt.

Das *HighLark**-Pulsdoppler-Bordradar ähnelt dem der F-4 *Phantom II*. Vermutlich basiert seine Entwicklung auf US-Beutegeräten aus Vietnam. Es kann tieffliegende Ziele auffassen, aber keine LFK-Zielführung vornehmen.

Im Westen und bei der NATO wurde die MiG-23 ab 1973 umso mehr beachtet, je zahlreicher sie in der sowjetischen Einflußsphäre festgestellt wurde. Ab 1975 erhielten viele Einsatzverbände des Ostblocks modernere Versionen. Die damalige Produktion wird auf jährlich 500 Flugzeuge geschätzt. Ihrer

* NATO-Code

hohen Fertigungsrate wegen wurde sie zum sowjetischen Exportschlager. Dadurch wurde der Westen zunehmend beunruhigt. Noch heute ist sie ein leistungsfähiges, weitverbreitetes Kampfflugzeug.

Eine Änderung der Primäreinsatzrolle, jedoch ohne wesentliche Änderungen am Flugzeug, brachte die Einführung der aus der MiG-23 abgeleiteten Jagdbombervariante MiG-27 *Flogger-D*. Unter Beibehaltung des Schwenkflügelkonzepts und mit spezieller Avionikausrüstung für die Jabo-Rolle wurde auf gewisse Anforderungen und die Mach 2+ Fähigkeit verzichtet. So entstand ein kostengünstigeres, quasi »abgespecktes« Flugzeug mit größerer Zuladungskapazität. Es lief in sehr großen Stückzahlen vom Band.

Auffälliges Merkmal der MiG-27 ist die geänderte Rumpfbugform und Sehnenpfeilung des vergrößerten Flügels am klauenartigen Lastträger nahe dem Rumpfanschluß. Dadurch erreichte man höhere Zuladung und bessere Flügelströmung mit geringerem Strömungsabriß am Flächenende bei hoher g-Belastung. Dazu kam ein 15 % stärkeres Tumansky R-29-Triebwerk.

Bei einigen MiG-27 wurde eine doppelläufige 23 mm GSh-23-2-Kanonenwanne mit 3-4.000 Schuß/min, neuerdings auch eine sechsläufige Revolverkanone mit einer Kadenz von 5.000 Schuß/min, nahe der rechten Flügelwurzel montiert. Sie kann vom Piloten vertikal geschwenkt werden.

◄ Eine MiG-23 beim Start von ihrem tschechischen Fliegerhorst.

Dieser ungewöhnliche Einbau bezweckte, bei Schießanflügen mit automatischer Rohrneigung panzergroße Ziele mit größerer Geschoßdichte zu treffen.

Bei Tiefangriffen ist der MiG-27-Pilot durch außen aufgenietete, gewichtsparende Titanpanzerung geschützt. Wie die meisten sowjetischen Kampfflugzeuge kann dieses Flugzeug mit großen Niederdruckreifen auf unbefestigten Pisten operieren.

Die 2-3.000 kg Waffenzuladung der MiG-23/27 umfaßt Freifall- und lasergelenkte Gleitbomben, Lenkwaffen und ungelenkte Luft/Boden-Raketen an Rumpf- und Innenflügelträgern. Spätere Versionen können zwei 530-Liter-Zusatztanks für Überführungsflüge unter den äußeren Schwenkflügeln mitführen, die jedoch vor einer Flügelschwenkung abgeworfen werden.

Kampfeinsatz

Nach vorliegenden Erkenntnissen sind die MiG-23/27 sehr wirksame Waffensysteme.

In Afghanistan erfolgte eine gründliche Kampferprobung, bis die Mudjahedin mit amerikanischen IR-gelenkten *Stinger* ManPADS (Man-Portable Air Defence System) steigende Abschußverluste der MiGs verursachten.

Trafen diese MiGs jedoch auf moderne Luftgegner, waren sie unterlegen, wie sich bei den Luftgefechten mit F-14 *Tomcat* vor der libyschen Küste zeigte. Israelische Jäger schossen im Juni 1982 innerhalb einer Woche über 35 dieser MiGs ab. Sie bilden immer noch das Rückgrat der sowjetischen bzw. GUS-Luftstreitkräfte.

Technische Daten (Flogger-B)	
Spannweite (17° Pfeilung), m	14,00
(71° Pfeilung), m	8,50
Länge, m	16,15
Höhe, m	3,95
Leergewicht, kg	10.500
Höchstgewicht, kg	17.200
Triebwerk: Tumansky-R-29-Axialturbine mit 7.945 kp (trocken) bzw. 11.480 kp (Nachbrenner)	
Höchstgeschwindigkeit, Mach	2,35
Aktionsradius, km	1.000
Gipfelhöhe, m	18.590

▼ Eine MiG-23ML der tschechischen Luftwaffe mit einem 600-Liter-Rumpfaußentank.

MIKOYAN/GUREVICH MiG-29 *Fulcrum*

Zu Beginn der 70er Jahre verlangsamten die Sowjets die Einführung neuer Jagdflugzeuge. Neuentwicklungen als Antwort auf die neuen F-15 und F-16 folgten aber bald mit leistungsmäßig vergleichbaren, wenn nicht überlegenen Su-27, MiG-29 und MiG-31.

Dem MiG-29-Entwurf lag die Notwendigkeit zugrunde, baumhoch fliegende NATO-Flugzeuge erfolgreich zu bekämpfen. Dafür brauchte man ein leistungsfähigeres Puls-Doppler-Radar mit Look-Down/Shoot-Down-Fähigkeit zur Zielführung halbaktiv radargelenkter Lenkwaffen.

Hauptentwurfskriterium der MiG-29 war, die 9g-Kurvenwendigkeit der F-16 zu kontern. Das wurde durchaus erreicht. Außerdem bedurfte es dazu, wie zur Erreichung einer Horizontalgeschwindigkeit von Mach 2,3, leistungsstärkerer Triebwerke.

Die der MiG-25 verwandte Auslegungskonfiguration ist offenkundig, Spannweite, Flügelpfeilung, Doppelleitwerk und Lufteinläufe sind ihr ähnlich. Trotz etwas größeren Luftwiderstandes wurde das Cockpit für ausgezeichnete Rundumsicht hochgesetzt. Höhenleitwerk und Seitenflossen sind in 2/3 Höhe der Streckung zur Flatterreduzierung gekappt.

Gut sichtbar sind an dieser zweisitzigen MiG-29UB die am Boden geschlossenen Klappen in den Ansaugschächten und dafür geöffnete, kiemenartige Lufteinlässe in den oberen Flügelwurzeln sowie der IR-Sensor vor dem Cockpit.

▼

LERX (Leading Edge Root Extension)

Auffälliges Konstruktionsmerkmal ist die weit an den Rumpfbug vorgezogene Innenflügelnase (LERX). Dieser stark gepfeilte Rumpf-Flügelübergang erforderte intensive aerodynamische Forschung, bietet aber etliche Vorteile. Er erhöht den Gesamtauftriebswert, vor allem bei hohen Anstellwinkeln, reduziert gleichzeitig die Querstabilität und Flächenbelastung, verbessert Kurvenwendigkeit und entlastet die Höhenruderwirkung bei hohen Anstellwinkeln. Dabei reißt die Strömung am LERX sehr viel später als am übrigen Flügel ab. Dabei erzeugte Wirbel (Vortex) über dem Flügel mindern den Strömungsabriß am Flügelende und verbessern die Querruderwirkung.

Bewaffnung

Die MiG-29 kann neben der neuen, im linken LERX eingebauten einläufigen Nudelmann GSh-30-mm-Kanone mit 150 Schuß an einer Mittelrumpf- und sechs Flügelstationen Luft/Luft-LFK gegen Flugziele in allen Höhenbereichen laden:

IR-zielsuchende R.60/AA-8 *Aphid* für den Nahluftkampf, halbaktiv/aktiv radargelenkte R.27/ AA-10A *Alamo* oder AA-11 *Archer* für den Fernluftkampf. Außenlasten bis zu 2.300 kg, darunter neueste Kh-35/SS-N-25 *Sunburn* (»*Harpoonski*«) Marschflug- und Kh-31 Anti-Radar-LFK, sind vorgesehen.

Neuere MiG-29K/M/S sind luftbetankungsfähig und mit digital-avionischem Fly-by-Wire-Flugsteuerungssystem ausgerüstet.

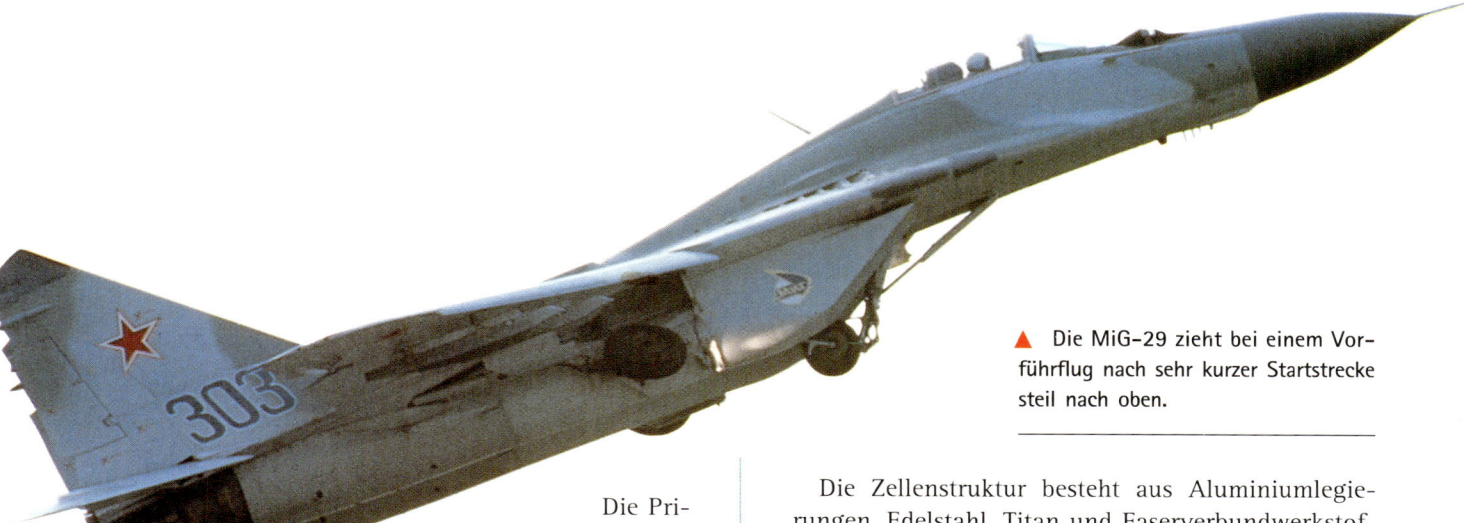

▲ Die MiG-29 zieht bei einem Vorführflug nach sehr kurzer Startstrecke steil nach oben.

Die Primärbordsensorik umfaßt den leistungsgesteigerten, allwetterfähig weitreichenden *Flash Dance** Multifunktions-Puls-Doppler-Radarzielkomplex, integrierte Navigation und Feuerleitung, passivoptoelektronischen IRST (IR Search & Track)-Sensor, Laser-Entfernungsmesser, Datalink-Interchange, Farb-HUD und zielzuweisendes Panorama-Helmvisier.

Die *Fulcrum* entspricht größenmäßig der F-18, ist also größer als die F-16 und — neben der schweren Su-27 — derzeit das beste östliche Jagdflugzeug. Zweitrolleneinsatz als Jagdbomber ist möglich, Primärrolle ist jedoch die Luftverteidigung und Luftüberlegenheitsjagd.

* NATO-Code

Die Zellenstruktur besteht aus Aluminiumlegierungen, Edelstahl, Titan und Faserverbundwerkstoffen. Das Leitwerk ist direkt am Rumpf angeschlossen. Fliegerisch gilt die MiG-29 als beinahe narrensicher. Piloten des in Preschen (ab 1995 in Laage) stationierten Jagdgeschwaders 73 äußern sich anerkennend über die Flugleistungen.

Triebwerke

Aus Gewichts- und Wartungsgründen liegen die autonomen Tumansky RD-33 Zweiwellen/Zweistrom-Turbofans weitmöglich auseinander, der Rumpfboden dazwischen trägt zum Gesamtauftrieb bei. Hoher

▼ Diese Draufsicht verdeutlicht die LERX-Größe und zeigt die ungewöhnlichen oberen Luftschlitze.

Technische Daten	
Spannweite, m	11,36
Länge, m	17,32
Höhe, m	4,73
Höchstgewicht, kg	18.000+
Triebwerke: 2 x Tumansky RD-33D-Turbofans mit zusammen 16.700 kp (163 kN) Nachbrennschub	
Höchstgeschwindigkeit ab 10.000 m Höhe, Mach	2,3
in Seehöhe, Mach	1,15
Aktionsradius, km	700–900
Gipfelhöhe, m	18–20.000

▲ In der Kurvenwendigkeit steht die MiG-29 der F-16 keineswegs nach.

aufgabengerechter Leistungsbedarf machte zwei Triebwerke notwendig. Ihr Gewichts/Leistungsverhältnis von etwa 1,15+ verleiht dem Flugzeug bemerkenswertes Beschleunigungs- und Steigvermögen sowie außergewöhnlich kurze Startstrecken, auch auf Graspisten.

RD-33D-Nebenstromtriebwerke waren die ersten sowjetischen Turbofans für Serienflugzeuge. Sie leisten je 5.040 kp trocken und 8.350 kp (81,5 kN) Nachbrennschub.

Seinerzeit hörte man von der Flucht eines sowjetischen MiG-29-Piloten in die Türkei. Die Sowjets forderten die sofortige Flugzeugrückgabe. Zufällig befand sich der türkische Verteidigungsminister in Moskau. Regierung und Militär in der Türkei gaben die MiG auch zuvorkommend zurück — allerdings erst nach eingehender Inspektion. Der Pilot mit Vornamen Alex soll sich in die USA abgesetzt haben und ein Buch schreiben.

Diese MiG-29UB rollt in Farnborough/UK zu einem Demonstrationsflug an den Start. Gut sichtbar sind das hochliegende Cockpit, Doppelleitwerk und die Nachbrennertriebwerke.

◀

MIKOYAN/GUREVICH MiG-31 *Foxhound*

Die MiG-31 (NATO-Code *Foxhound)* stellt als leistungsstarker, zweisitziger Langstreckenabfangjäger gegen Marschflugkörper und strategische Bomber — ähnlich der MiG-25 — eine Klasse für sich dar. 1991 wurde sie in Le Bourget erstmals im Westen vorgeführt.

Die Entwicklung der MiG-31 begann als sowjetische Antwort auf das 1965 angelaufene, in Moskau für bedrohlich gehaltene Tiefflugbomberbauprogramm B-1 *Lancer,* zeitgleich mit der darum in den USA geführten Beschaffungsdiskussion. Die meisten sowjetischen Flugplätze konnten von der B-1 erreicht und Radarleitstellungen für Abfangjäger unterflogen werden. Dies schien den Kreml-Militärs riskant, man fürchtete, der neue US-Bomber würde die Luftverteidigung des Warschauer Pakts aus den Angeln heben.

Im Zuge der danach reorganisierten Ostblock-Luftverteidigung bestimmte der Kreml die Forderungen an die MiG-31. Die Zellenauslegung beruhte auf der MiG-25. Um geeignetere Triebwerke verwenden zu können, reduzierte Mikoyan die Höchstgeschwindigkeit auf Mach 2,4. Sichtbare Konstruktionsänderungen betrafen den Rumpfbug mit einem zweitem Sitz.

Ansonsten war die MiG-31 ein neues Flugzeug. 25 Jahre Erfahrung in der Titanverarbeitung wurden dabei umgesetzt.

Avionik

Zur Entdeckung und Verfolgung schneller Tiefflieger im Schleier von Bodenechos wurde das Hochleistungs-Puls-Doppler-Such-und Feuerleitradar *Saslon* mit 200-220 km Reichweite, verbesserter Look-Down/Shoot-Down-Fähigkeit eingebaut, leistungsmäßig mit dem F-18 Radar vergleichbar. Damit kann die MiG-31 zehn verschiedene Luftziele simultan verfolgen, vier davon gleichzeitig bekämpfen, d.h. auch extrem tief fliegende Ziele bereits 100 km entfernt abfangen; aber auch Jäger mit weniger weit reichendem Radar in weiträumigem Luftverteidigungseinsatz leiten. Für ein Gebiet von der Größe Frankreichs genügten so fünf MiG-31. Damit wird quasi eine »Vorwärtsverteidigung am Himmel« möglich.

Infolge extremer Aufgabenstellung, zu der enges Zusammenwirken mit IL-78 *Mainstay* AWACS-Flugzeugen gehört, Zweimann-Besatzung, Radarleistung und Bewaffnungsvielfalt wuchsen Größe und Flug-

▼ Heckansicht der in Le Bourget gezeigten MiG-31 mit den großdimensionierten (abgedeckten) Triebwerken, rundherum ist die Bordwaffenpalette ausgestellt.

▲ Ihre Ähnlichkeit mit der MiG-25
verdeutlicht diese bei einer sowjetischen Luftschau gezeigte
MiG-31. Die mächtigen Lufteinläufe lassen die Kraft der
Triebwerke ahnen.

gewicht, der F-111A und F-15 vergleichbar. Das Fahrwerk ist für den Einsatz auf Behelfsplätzen ausgelegt. Mit Luftbetankung durch IL-76T *Midas* sind Missionszeiten von 6-7 Stunden möglich. Alexander Fedotow führte am 16. September 1975 den Erstflug mit der zunächst als MiG-25M *Super Foxbat-E* angesprochenen MiG-31 aus. Weit über 100 Maschinen dürften inzwischen in der sowjetisch-russischen Luftverteidigung fliegen. 1984 waren vier Fliegerregimenter damit ausgerüstet, eines davon nahe Murmansk stationiert.

Neben der 23-mm-Standard-Kanone werden Lenkwaffen für kurze (4 x AA-8 *Aphid*/AA-11 *Archer*), mittlere (2 x AA-10 *Alamo*) oder lange (4-8 x AA-9 *Amos* halbaktive Radar-LFK) Luftkampfdistanzen mitgeführt. Unter 30 m als auch über 21.000 m Höhe fliegende Zieldrohnen wurden bei Waffentests abgefangen. Simultan-Mehrfachzielbekämpfung wie mit der AIM-54 *Phoenix* ist gegeben.

Triebwerke

Zwei Solovjev (jetzt : Aviadvigatel) D-30F6 Turbofans, je 151,9 kN (14.530 kp) Nachbrennschub — nach anderen Quellen Tumansky-R-31-Turbinen mit je 127,3 kN (13.900 kp) — liefern die Antriebskraft. Der Rumpf ist länger als bei der MiG-25 und nimmt mehr internen Treibstoff auf. Mit Flächenzusatztanks anstelle zweier Lenkwaffen können Reichweite und Flugdauer verlängert werden.

Einsatz

Im Zusammenwirken mit IL-78 *Mainstay* AWACS-Flugzeugen ist eine großräumige Luftverteidigung über den GUS-Republiken darstellbar. Überschallgeschwindigkeit und über 1.200 km Aktionsradius zielen auf die Abwehr schneller, tieffliegender Angreifer wie *Tornado IDS*, F-15E *StrikeEagle*, B-1B *Lancer* bzw. die neuen B-2 Stealth-Bomber. Vor Einführung der MiG-31 konnten solche Kampfflugzeuge relativ ungeschoren in Feindgebiet eindringen. Besonders gefährdet erscheinen westliche AWACS-Warn-, Überwachungs- und Leitflugzeuge und Aufklärer. Schon 1971 konnten israelische F-4 in Ägypten stationierte, hoch und schnell fliegende MiG-25R Aufklärer nicht erreichen.

Die MiG-31 ist einer der weltbesten Abfangjäger und auf hohe Überschallgeschwindigkeit und große Flughöhen getrimmt, für den *DogFight* (Kurvenkampf Mann gegen Mann) jedoch kaum geeignet. Die anhaltende Wirtschaftskrise in den GUS-Republiken hat viele Neu- und Weiterentwicklungen im Luft- und Raumfahrtbereich nicht stoppen, lediglich verlangsamen können.

▶ Die massige MiG-31 zeigt die zahlreichen Waffenlaststationen unter Rumpf und Tragflächen.

Technische Daten	
Spannweite, m	13,46
Länge, m	22,96
Höhe, m	6,15
Höchststartgewicht, kg	46.200
Triebwerke: 2 x Tumansky R–31 bzw. Solovjev D–30FB, je ca. 14.000 kp Nachbrennschub	
Höchstgeschwindigkeit (Höhe), Mach	2,4+
(bodennah), km/h	1.500
Aktionsradius, km	1.200–2.000
Gipfelhöhe, m	20.600+

SUKHOI Su-27 *Flanker*

Der letzteingeführte sowjetische Langstrecken-Luftüberlegenheitsjäger Su-27, 1977 noch mit Ram-K (nach dem durch Satelliten beobachteten Erprobungsplatz Ramenskoje nahe Moskau) bezeichnet, ähnelt nicht nur der amerikanischen F-15, er ist ihr auch zumindest ebenbürtig. Im Westen wurde dieses leistungsstarke, im Komsomolsk-Werk bei Chabarovsk gebaute Flugzeug 1989 während des Aérosalons Le Bourget und 1990 im englischen Farnborough beeindruckend vorgeflogen. Insbesondere das bislang von keinem anderen Kampfflugzeug demonstrierte *Cobra* Pop-up-Manöver läßt selbst Fachleuten den Atem stocken. Dabei kommt die Su-27 im Steigflug mit über 90° Anstellwinkel zum Stehen, sackt vertikal über das Heck ab, kippt vornüber und geht zum Horizontalflug über. Ein darauf unvorbereiteter Verfolgungsjäger würde sein Ziel schnell überschießen und vor die Kanone des Gegners geraten.

Obwohl äußerlich ähnlich, sind MiG-29 und Su-27 grundverschiedene Flugzeuge. Die *Flanker* ist wesentlich größer und schwerer, entsprechend stärker bewaffnet. Mit Luftbetankung ist die Reichweite (mit Innenkraftstoff 4.000 km) nur durch die Physis des Piloten begrenzt. Von europäischen GUS-Basen aus ist fast jedes Ziel im übrigen Europa erreichbar. Beide Jägertypen gelten seither als Vergleichsmaßstab für westliche Entwicklungen wie Lockheed F-22A *Light-*

ning II, Dassault *Rafale,* Saab JAS-39 *Gripen* und den *EuroFighter 2000.*

Die Haupteinsatzrolle der Su-27 als Nachfolger der Su-15 *Flagon* ist die Allwetter-Luftüberlegenheitsjagd im Rahmen weiträumiger Luftverteidigung. Als erstes Einsatzflugzeug des Ostblocks wird die künstlich instabile *Flanker* voll digital-elektronisch *Fly-by-Wire*-gesteuert. Ruder- und Klappenstellungen sind für alle Flugprofile computeroptimiert, für Start und Landung kann der Bordrechner manuell übersteuert werden. Bekanntlich wurden *Flanker* nach dem politischen Umbruch im Osten an Indien und China verkauft. Für Schulung und Einsatztraining existiert eine zweisitzige Su-27UB/UM-Version.

Avionik und Bewaffnung

Außer mit der 30-mm-Bordkanone in der rechten Flügelwurzel kann dieses Jägerschwergewicht mit zehn Luftkampflenkwaffen oder im Mehrrolleneinsatz mit Marsch- oder Abstandsflugkörpern gegen Land- und Seeziele bestückt werden. Der große Antennendurchmesser des Pulsdoppler-Hochleistungsradars bestimmt den vorderen Rumpfquerschnitt. Ein IRST (IR- Search & Track)-Sensor vor dem hoch angesetzten Cockpit mit 360° Rundumsicht und ein Laser-Entfernungsmesser ergänzen den weitreichenden Primärsensor mit integrierter Fly-by-Wire-Flugführung, Navigation, Feuerleitung und Mehrfachzielbekämpfung bei Look-Down/Shoot-Down-Fähigkeit. Über HUD (Head-Up Display)

▼ Die einsitzige Su–27 im Langsamflug in niedriger Höhe mit ausgefahrener Luftbremse (ähnlich der F-15).

▲ Die Unterseite der Su-27 zeigt die ausgefeilte Aerodynamik und Formgebung mit großen LERX.

und integriertes
Helmvisier erfolgt der Waffeneinsatz automatisch. Infrarot- und/oder radarzielsuchende Luftkampflenkwaffen für Zielentfernungen in und jenseits optischer Sichtweite sind AA-8 *Aphid,* AA-9 *Amos,* AA-10 *Alamo* und AA-11 *Archer* und deren Weiterentwicklungen.

Die neueste Su-27K Marineversion (mit verstärktem Fahrwerk, Zwillingsbugrad, Katapultbeschlägen, Landehaken, Faltaußenflügeln) ist für den Einsatz auf im Bau bzw. Erprobung stehenden Großflugzeugträgern bestimmt und gilt mit der Su-35 *SuperFlanker* als der bisher komplexeste, technologisch anspruchsvollste und daher teuerste Jäger im GUS-Bereich. Die Produktionszahlen dürften niedriger sein als bei MiG-23/27 oder MiG-29. Das Trä-

gerflugzeug hat kleine Spaltklappen unter den Lufteinläufen und Canard-Bugruder zur Verbesserung der Langsamflugeigenschaften beim Trägerdeckeinsatz.

▼ Die Su-27 rollt in Farnborough zum Start, die Rückansicht zeigt Aerodynamik und die verrußten, aus Titan gefertigten Nachbrennerdüsen. Das hochgesetzte Cockpit bietet hervorragende Rundumsicht.

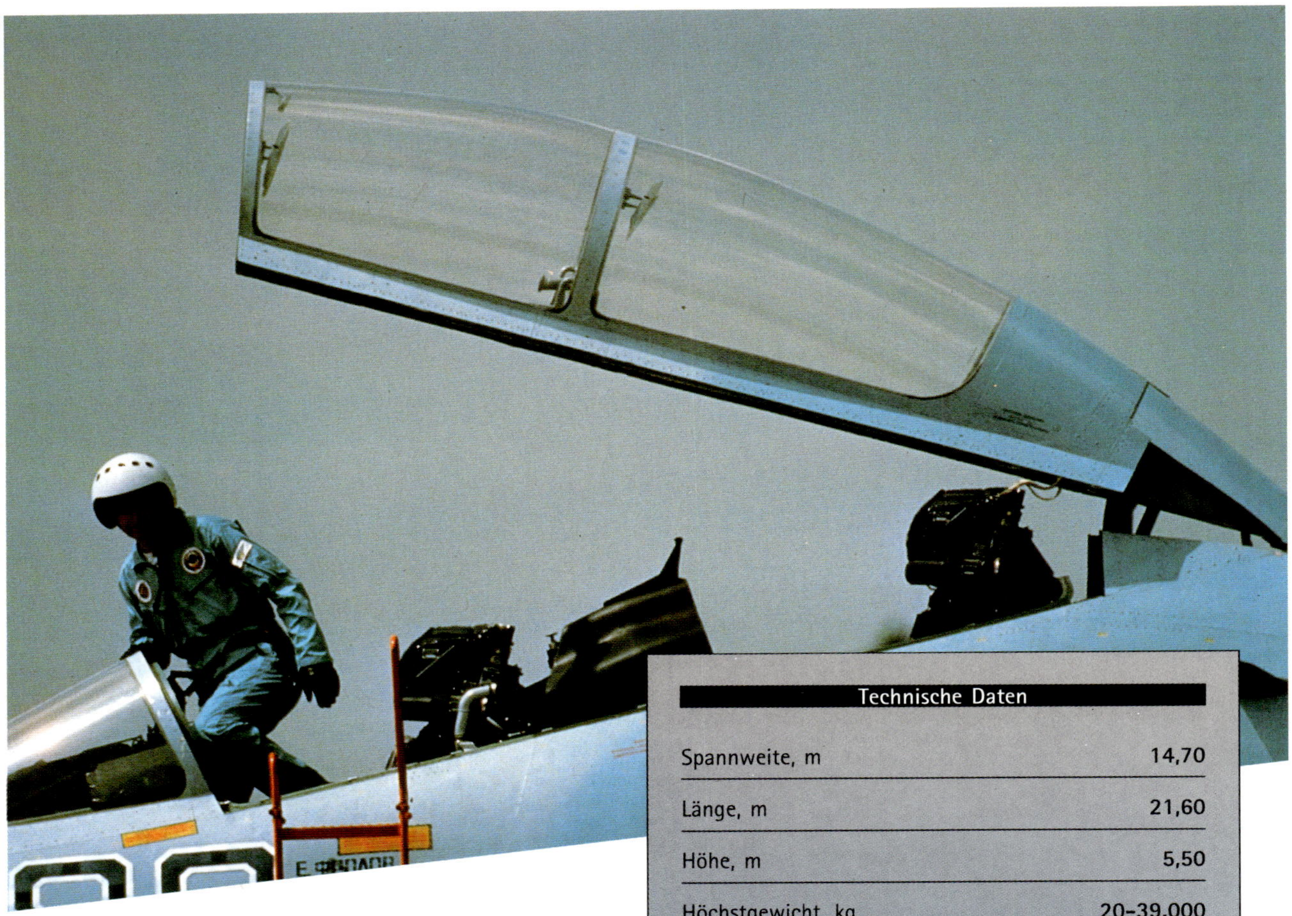

▲ Nach beeindruckender Flugdemonstration verläßt der Testpilot den Su-27UB-Führersitz. Bei dieser Doppelsitzer-Trainerversion fällt die größere Kabinenhaube und der Rücksitz auf.

▼ Die beiden Su-27-Vorführmaschinen landen, links der Einsitzer mit ausgefahrener Luftbremse, rechts der zweisitzige Trainer.

Technische Daten	
Spannweite, m	14,70
Länge, m	21,60
Höhe, m	5,50
Höchstgewicht, kg	20–39.000
Triebwerke: 2 x Tumansky R–32/R–315 je 13.260/13.600 kp (133,37 kN) oder Lyulka AL–31F bzw. AL–31SM, je 17.050 kp Nachbrennschub	
Höchstgeschwindigkeit (Höhe), Mach	2,35+
(Bodennähe) Mach	1,1+
Aktionsradius, km	1.600+
Gipfelhöhe, m	18.300

ROCKWELL B-1B *Lancer*

Im Entwicklungsverlauf sorgte die B-1 für Schlagzeilen und schier endlose Diskussionen über Wert oder Unwert dieses strategischen Bombers der moderneren Flugzeuggeneration. Die US-Präsidenten Nixon und Ford stritten schon darum, Carter stoppte das Programm, Nachfolger Reagan begann es erneut, allerdings in anderer Ausführung und Aufgabenstellung. Gebaut wurde der *Lancer* schließlich — kostenbedingt — in kleineren Stückzahlen als geplant.

Fünf Jahre wurde in den 60er Jahren — nicht nur in den USA — über die Zukunft bemannter Bomber gestritten, ehe es zur Produktion kam. Der neue Bomber entsprach nicht der hoch und mit Mach 3 fliegenden XB-70A *Valkyrie,* Mach 2 war schnell genug. Statt immer »höher und schneller« lautete die Forderung nun: »So tief wie möglich«. Moderne Radartechnologien erforderten es. Die B-1 soll tief und weit in des Gegners Territorium zu den vitalen Zentren vordringen. Das zwang die Sowjets, militärische Ressourcen nicht länger nur auf offensive, sondern auch auf »defensive« Aufgaben zu konzentrieren.

Mehrere US-Hersteller bemühten sich um den B-1-Bauauftrag. Der beste Entwurfsvorschlag war um das neueste SRAM (Short-Range Attack Missile)-Waffensystem von Boeing herumzubauen. B-52 waren bereits mit SRAM-Trommelmagazinen ausgerüstet. Der Waffenzuladungsanteil in den drei B-1B-Rumpfmagazinen von 15 % (B-52 nur 5 %) verhalf Rockwell International zum Gewinn der USAF-Ausschreibung. Ironischerweise hatte die Carter-Administration das Projekt zuvor wegen des Boeing ALCM (Air-Launched Cruise Missile)- und anderer Waffensystemkonzepte verworfen.

Die Schwenkflügeltechnologie (VG-Variable Geometry) wurde gewählt, um Forderungen nach kurzer Startstrecke, hoher Flächenbelastung und Mach 2 Geschwindigkeit zu realisieren und Erfahrungen aus dem F-111-Programm dabei einzubringen. Die aerodynamischen Rumpf/Flügelübergänge nutzte man zur Zellenverstärkung und Unterbringung großer Kraftstoffmengen. Die robuste Flügelkastenholmstruktur aus Titan nimmt die hohen Beanspruchungen durch die Schwenkflügellager auf.

Das Doppeltandem-Hauptfahrwerk der B-1 ist an den 4,5 Tonnen schweren Titan-Flügelholmkasten angeschlossen. Die Tragflächen sind für 30 Betriebsjahre ausgelegt, bei Bedarf mit den Schwenkbolzen zusammen auswechselbar. Die *Lancer löst die* seit 1955 im Dienst des SAC (Strategic Air Command) stehenden B-52 *Stratofortress* ab.

▼ Eine B-1B im Langsamflug, der Flügel ist voll gespreizt, Klappen und Fahrwerk ausgefahren.

Drei B-1 Vorserienmaschinen hatten noch eine Rettungskapsel für die Viermannbesatzung. Sie wurde im Notfall abgesprengt und raketengetrieben, durch ausklappbare Flossen stabilisiert, vom Flugzeug weggeschossen. Luftsäcke dämpften den Aufprall am Boden. Die weitere Erprobung deckte jedoch Stabilitätsmängel des sehr teuren Systems auf. Mit Flugzeug Nr. 4 wurden funktionssichere Einzelschleudersitze eingebaut, Gewicht und Kosten eingespart.

Triebwerke

Vier General Electric F101-GE-100-Turbofan-Zweikreistriebwerke mit technologisch anspruchsvollem Fanteil und hohem Nebenstromverhältnis sind auf Schubleistung im Überschallflug in größeren Höhen sowie für schallnahen, fast rauchlosen Tiefflug (hier allerdings mit hohem Treibstoffverbrauch) optimiert. Auch mit einem Triebwerk bleibt die B-1B flugfähig. Sie leisten je 7.720 kp Stand- und 13.500 kp Nachbrennschub, d.h. doppelt soviel wie das J-79 der F-104 *Starfighter*.

Die Überschallgeschwindigkeitsforderung reduzierte man schließlich auf Mach 1,4, wichtiger war die möglichst hohe Unterschallgeschwindigkeit im Tiefflug. Danach modifizierte feste Lufteinläufe mit verminderter Radarreflexion und weitere Änderungen sparten Gewicht und Kosten an Triebwerksgondeln und Zellenstruktur.

Die B-1B soll vier Minuten nach Alarmierung (außer Betankung) von Bodenunterstützung unabhängig starten. Dazu ist jedem Triebwerk ein eigenes APU (Auxiliary Power Unit)- Startaggregat mit separaten Systemelektrikgeneratoren zugeordnet, ein oder zwei reichen zum Anlassen aller vier Triebwerke. Hydraulikpumpen werden durch Triebwerkzapfluft angetrieben.

Bei dem Absturz des zweiten Prototyps B-1A am 29. August 1984 fand der Rockwell-Cheftestpilot Doug Benefield den Tod. Ein Pilotenfehler (Pilot's Error) beim Kraftstoffumpumpen zur Einhaltung des Schwerpunkts war die Ursache. Bei Schwenkflügelfunktionstests geriet der Schwerpunkt außerhalb des Sicherheitsbereichs, die Geschwindigkeit sank auf 260 km/h, das Flugzeug bäumte sich auf und geriet außer Kontrolle. Zudem zündete ein Sprengbolzen der Rettungskapsel nicht, sie landete kopfüber.

Im schallnahen Tiefflug sind Flugzeug und Besatzung hoher Belastung durch Böenturbulenzen ausgesetzt. Wegen der Flugzeuglänge können Beschleunigungen und Lastfaktoren im Cockpit größer als angezeigt sein. Schon bei geringer Turbulenz treten Kräfte von +4g/-2g auf. Zur Böendämpfung hat die B-1 kleine, durch LARC (Low Altitude Ride Control) gesteuerte Canard-Bugruder, die mit 200°/s reagierend ausschlagen. Damit ist die B-1 recht komfortabel tief

▼ Der WSO (Waffensystemoffizier) der B-1B vor Kontroll- und Überwachungsanzeigen der komplexen bordeigenen Angriffs- und Selbstverteidigungssysteme.

zu fliegen. Hilfsruder am Heck dämpfen die Gierbewegung. Vorzeitige Ermüdung von Besatzung und Flugzeugzelle wird so vermieden.

Avionik

Die Bordelektronik der B-1 wurde nicht als teures Gesamtsystempaket entwickelt. Vielmehr kann sie mit »handelsüblicher« Hard- und Software nach Bedarf und Verfügbarkeit später modernisiert werden. Vier Redundanz-Datenbusse kontrollieren mit der Multiplexelektronik das immense Bordinformationsaufkommen. Multiplexkodierung transportiert Signale via Draht, Waggons auf Schienen ähnlich, an den richtigen Empfangsplatz. Telefonsysteme nutzen dieses Verfahren zur Übermittlung von Multitonsignalen. Dadurch sparte man 130 km Verkabelung und 1.360 kg Gewicht ein.

Die B-1B verfügt über komplex gestaffelte Sensoren, Antennen und Avionik. Ein dickes Buch könnte allein über die Bordavionik geschrieben werden. Funktionsgegliedert gehören u.a. dazu : Angriffs- und Selbstverteidigungs-, Navigations- und Positionssysteme, redundante Flugkontroll- und Tiefflugsysteme, Zweikanal-Multifunktionsradar sowie umfangreiche ECM/EloKa (Electronic Counter Measures /Elektronische Kampfführung)-Ausrüstung samt militärischen und zivilen Kommunikations- und Radionavigationssystemen. Nichts unterließ man, um die B-1 zum Nuklearangriff zu befähigen — sollte es jemals notwendig sein.

Bewaffnung

In drei Rumpfwaffenschächten mit Trommelmagazinen sind je acht AGM-69 SRAM (mit 200 KT-Atomgefechtskopf) untergebracht. Binnen einer Minute ausgelöst fliegen die 24 Flugkörper autonom 170 km weit, um notfalls eine Bresche in die gegnerische Luftverteidigung zu schlagen.

Das vordere Schachtmagazin nimmt nur acht ALCM (Air-Launched Cruise Missile)-Marschflugkörper auf, wenn im Reststauraum Reichweitenzusatztanks unterbracht werden.

Im Tiefflugeinsatz werden keine Außenlasten mitgeführt, sie würden die Radarortung erleichtern. Der Radarquerschnitt der B-1B beträgt nurmehr 1/10 der B-1A und 1/100 der B-52.

Aus niedriger Höhe abgeworfene Atombomben werden durch Bremsfallschirme auf 95 km/h Fallgeschwindigkeit verzögert, damit der Bomber aus dem Explosionsbereich entkommen kann. Bis zu 38 solcher (B-43/61) B-83-Nuklearwaffen sind mitzuführen, 24 intern, 14 extern. 2.000 in der ehemaligen Sowjetunion ausgemachte Prioritätsziele wären durch die geplante 100 B-1-Bomberflotte (anstelle von 300 B-52) auszuschalten, ein Drittel dieser Waffen bliebe noch in Reserve. Bei konventionellem Einsatz kann die B-1B bis zu 98 »Eisen«- oder Gleitbomben Mk. 84 laden.

Gegenüber der B-1A erhöhte sich das Fluggewicht der B-1B-Serienbomber um 38.560 kg (an Kraftstoff und Waffen) bei nur wenig größerem Leergewicht. Die Flugdurchführung ist dadurch nicht beeinträchtigt. Ein SAS (Stability Augmentation System)-Avioniksystem gleicht die Mehrzuladung bis zum Höchstgewicht — ähnlich einem FbW (Fly-by-Wire)-Flugsteuerungssystem bei instabilen Flugzeugen wie der F-16 — im Flug aus. Eine B-52-Flugstunde kostete rund 12.000 DM, die der B-1B etwa 36.000 DM. Auch ihr Systemstückpreis liegt mit knapp einer halben Milliarde DM vielfach höher als der für eine 2/3 größere B-52.

◀ In der Frontsicht der B-1B sind die Canard-Bugruder gut sichtbar.

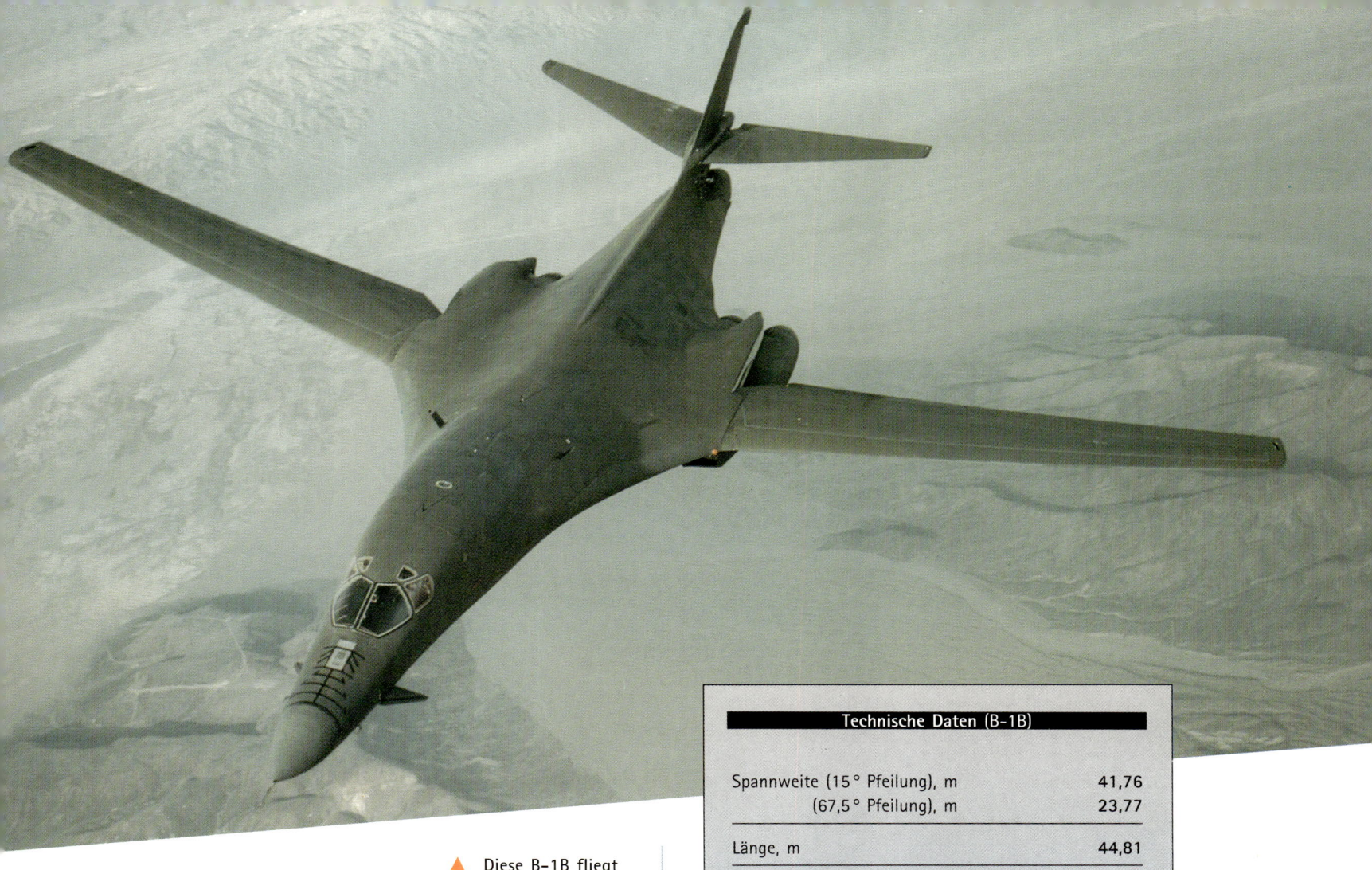

▲ Diese B-1B fliegt mit vorgepfeilten Flügeln, die aerodynamische Rumpfverbreiterung mit durchgehendem Flügelholmkasten und Schwenklagern, die Zwillingstriebwerkgondeln und Canard-Bugruder sind gut sichtbar. In drei Rumpfschächten finden 40 Tonnen Waffen- und Kraftstoffzuladung Platz.

Nach dem Erstflug der B-1B am 18. Oktober 1984 (B-1A : 23.12.1974) wurde die 96. BW auf der Dyess AFB bei Abilene, TX., im Frühjahr 1985 als erstes B-1-Geschwader aufgestellt. Sachkenner meinen, die B-1B sei ein Erfolg, obwohl sie nie in ihrer ursprünglichen Rolle eingesetzt wurde.

Technische Daten (B-1B)	
Spannweite (15° Pfeilung), m	41,76
(67,5° Pfeilung), m	23,77
Länge, m	44,81
Höhe, m	10,36
Leergewicht, kg	78.100
Höchstfluggewicht, kg	216.500
Max. Waffenzuladung, kg	56.700
Triebwerke: 4 x General Electric F100-GE-102, je 7.750 kp (trocken) bzw. 13.600 kp (NB)	
Höchstgeschwindigkeit (Tiefflug), Mach	0,85+
(Höhe), Mach	1,4+
Gipfelhöhe, m	14.900+
Reichweite (Innenkraftstoff), km	12.000

NORTHROP B-2 *Spirit (Stealth*)*

Der B-2 »Stealth«-Bomber war lange Zeit Amerikas bestgehütetes Geheimnis. Viele wußten zwar davon, doch niemand kannte Einzelheiten, etwa über die Geschwindigkeit usw. Erst 1988/89 wurden erste Bilder veröffentlicht, doch Einzelheiten sind weiterhin klassifiziert. Der »Tarnkappenbomber«, wie er oft genannt wird, sieht einer Fledermaus ähnlich, ein Nurflügelflugzeug, dessen technologische Ahnen wohl die Gebrüder Horten in Deutschland sind. Auch Northrop griff diese Ideen schon Ende der 20er Jahre auf und baute erste Nurflügler in Amerika, nach 1945 u.a. die XB-49. Ihre außergewöhnliche, konstruktive und aerodynamische Formgebung verdankt die B-2 primär der Optimierung des »Stealth«-Effekts. Er verhindert durch Reflexionsabsorption bzw. -diffusion elektro-

* (soviel wie Tarnen, Verschleiern, Radarortung erheblich reduzieren, siehe auch F-22, F-117).

magnetischer Wellen des »beleuchteten« Flugzeugs eine frühzeitige Radarortung. Zudem nutzt man die dadurch bedingte ungewöhnliche Formgebung zur Unterbringung von Waffen und Treibstoff.

Einsatzrolle

Als strategischer Langstreckenbomber ist die B-2 von gegnerischen Ortungssensoren derzeit kaum zu erfassen, daher geeignet, trotz massierter Luftabwehr in allen Höhen unerkannt und tief in Feindgebiet einzudringen. Die »Stealth«-Charakteristik wurde noch gesteigert im Vergleich zur F-117A, die sich im Golfkrieg exzellent bewährte und den Irakern kaum eine Abwehrchance ließ. »Fachlaien« kritisieren derzeitige Tarnflugzeuge als noch nicht »stealthy« genug, seit

▼ Eine B-2 bei ihrem 6. Testflug über bizarren Gebirgsformationen im amerikanischen Westen.

► Die Nahaufnahme aus dem Tankerflugzeug zeigt die Formgebung zur Minderung der Radarreflexion. Luft-einlauf- und Flügel-kanten verlaufen parallel zuein-ander.

der vormals russische Professor Pyotr Ufimtsev, geisti-ger Mitvater moderner Radartechnologien an der Cali-fornia-Universität, erklärte, alsbald jeden »getarnten« Eindringling zu entdecken. Die »Stealth«-Vorteile und moderne Präzisionswaffen haben die Kriegführung re-volutioniert, wie der Golfkrieg zeigte. Wichtige Punkt-ziele im Zentrum Bagdads, damals die Metropole mit der Welt stärkster Luftverteidigung, wurden unge-schoren angegriffen, da irakische Radarstellungen vom Angreifer buchstäblich »nichts sahen«.

Ein Viertel der für andere Angriffsflugzeuge not-wendigen Einsatzunterstützung genügte den F-117A.

Die B-2 trägt bei fünffacher (unbetankter) Reich-weite eine zehnfach größere Waffenlast als die F-117A. In stark verteidigter Zielumgebung verleiht »Stealth« dem Flugzeug optimale Überlebenschancen.

Primär finden beim Bau der B-2 noch geheimgehal-tene Faserverbundwerkstoff-Technologien Anwendung, die künftig auch für zivile Zwecke verfügbar werden. Sogenannte Composites mindern das Gewicht um 25-30 % gegenüber herkömmlicher Metallbauweise.

Der erste B-2-Prototyp startete am 17. Oktober 1989 zum Jungfernflug. Weitere gingen seither in die Erprobung. Bisher erreichten die Prototypen 13.700 m Höhe und 740 km/h, Entwurfsziel sind 15.250 m und schallnahe Tiefluggeschwindigkeit. Am 17. Dezember 1993 erhielt die 509. BW in Whiteman AFB, MO., als erster Einsatzverband (mit zwei Staffeln je acht Ma-schinen) das 2. Serienflugzeug B-2A (No. 8/ACC-1).

Triebwerke

Vier General Electric F118-GE-100 mit je 9.000 kp Standschub dienen als Antrieb, sie stammen von den Turbofans der F-14 und B-1B ab. Gegen Erkennung durch Radar- und Wärmesensoren sind sie weitge-hend in den Flügel integriert. Große Luftmengen sind zur Triebwerkkühlung und Vermischung mit heißen Abgasen zur Minimierung der Wärmesignatur not-wendig. Vermutlich hat man deshalb auf Nachbren-ner verzichtet.

Die Reichweite wird mit 9.665 km bzw. 16.100 km bei einer Luftbetankung angegeben. Luftbetankt ist der Aktionsradius praktisch nur durch die physische Leistungsfähigkeit der Zweimannbesatzung begrenzt. Künftig ist ein drittes Besatzungsmitglied vorgesehen. Das B-2-Höchstfluggewicht soll bei 170.554 kg liegen.

Die Waffenzuladung von 18 Tonnen umfaßt nukle-are Waffensysteme, Abstands- und konventionelle Präzisionswaffen, auch für maritime Missionen.

▶ Diese steil kurvende B-2 zeigt die ungewöhnliche »Stealth«-Formgebung des Nurflügelbombers, dessen Außenhaut zur Radarechodiffusion bzw. -absorption weitgehend aus RAM (Radar Absorbing Material)-Werkstoffen besteht. Triebwerke und Schubdüsen sind zur Minimierung der Wärmesignatur stark gekühlt und in die Tragfläche integriert. Am Heck ist eine Meßsonde sichtbar. Der links gespreizte Aileronspoiler leitet die Beendigung der Kurve ein.

Technische Daten	
Spannweite, m	52,43
Länge, m	21,03
Höhe, m	5,18
Fluggewicht, kg	170.000+
Waffenzuladung, kg	18.150+
Triebwerke: 4 x General Electric F118-GE-100, je 9.080 kp Standschub (o.NB)	
Höchstgeschwindigkeit (geschätzt), Mach	0,8+
Reichweite (Innenbetankung), km (luftbetankt), km	9.665 16.100
Gipfelhöhe, m	15.250 m

Die konstruktive Auslegung der B-2 erfordert vergleichsweise geringen Wartungs- und Instandhaltungsaufwand und trägt zu relativ niedrigen Lebensdauerbetriebskosten bei. Eine Forderung, der heutzutage alle Hersteller unterworfen sind. Bisherige Erprobungsergebnisse unterschritten die vorgegebenen Zielwerte deutlich.

Das Herz der B-2 ist die Bordavionik, über die genauere Informationen fehlen. Naturgemäß werden zukunftsorientierte Technologien für Radar, Sensorik, Angriffs-, Selbstschutz-, ECM- und Präzisionsnavigationssysteme usw. mit großem Entwicklungspotential eingebaut.

Mit diesem »Non-plus-Ultra«-Bomber vollzieht sich der Übergang von der Massen- zur Präzisionswaffenkriegführung. Gegenüber allen künftigen Luft-verteidigungssystemen muß er optimale Durchsetzungs- und Überlebensfähigkeit behalten, um stark geschützte Prioritätsziele punktgenau zu treffen und den Heimathorst sicher zu erreichen. Die immensen Kosten solcher Waffensysteme sind nur bei hoher Einsatzwirksamkeit zu rechtfertigen. Im dauernden Wettlauf moderner Angriffs- und Abwehrtechnologien liegt die B-2 noch an der Spitze. Steigende Kosten — schon heute kostet eine einzige B-2 anderthalb Milliarden DM — schrumpfende Rüstungsbudgets und der Wandel der geostrategischen Globallandschaft gefährden das geplante Beschaffungsprogramm.

▼ Vier der bislang für die USAF genehmigten B-2 in der Northrop-Montagehalle in Palmdale, CA.

LOCKHEED/BOEING *(ATF)* F-22A *Lightning II*

Im Wettbewerb des USAF-Überlegenheitsjägers ATF (Advanced Tactical Fighter) für das 21. Jahrhundert bildeten die größten US-Hersteller Lockheed (Programmführer), General Dynamics (Aircraft Division inzwischen von Lockheed übernommen) und Boeing ein Programmkonsortium. Im August 1991 erhielt diese Firmengruppe den Entwicklungsauftrag für die YF-22A, inzwischen *Lightning II* (nach dem Weltkrieg II-Jäger P-38 *Lightning*) genannt, als zukünftiges Nachfolgemuster der F-15. Der revolutionäre F-22-Entwurf für globalen Einsatz mit verbesserter »Stealth«-Charakteristik soll allen bekannten und geplanten Jagdflugzeugen in Ost und West überlegen sein. Richtschnur waren einmal mehr die Folgemuster der GUS-Jäger MiG-29 und Su-27 und andere Zukunftsprojekte.

Die Entwicklungs- und Einführungszeit einer neuen Jägergeneration erstreckt sich über Jahrzehnte. 54 Monate dauerte die Demonstrations- und Vorerprobungsphase des ATF-Mammutprogramms mit Konstruktion, Bau und Basiserprobung zweier Versuchsflugzeuge im Wettbewerb mit der Northrop/McDonnell Douglas YF-23A. ATF soll in allen denkbaren künftigen Luftkriegsszenarien erfolgreich

---

▼ Kurze Landestrecken erreicht die YF-22 ohne Bremsschirm.

überleben und gegenüber bisheriger numerischer und technologischer Überlegenheit des Ostens bestehen. In den letzten fünf Jahren produzierte der Osten mehr MiG-29 als die USA in 15 Jahren F-15 fertigten.

F-14 und F-15 sind zur geplanten Einführung der F-22 im Jahre 2005 oder später über 30 Jahre alt. In der Einsatzzeit beider US-Jäger brachten die Sowjets drei neue Typen heraus. Gleiche Kriterien gelten für die Entwicklung des EuroFighter 2000 (EFA), nämlich bis weit ins 21. Jahrhundert hinein gegen potentielle Opponenten die Luftüberlegenheit zu sichern. Solch hochgesteckter Missionsziele wegen ist die F-22 als kaum entdeckbarer »Stealth«-Jäger mit globalem Aktionsradius und außergewöhnlichen Leistungscharakteristika ausgelegt. Dazu gehört u.a. die »Super Cruise« bezeichnete Fähigkeit, ohne Nachbrenner (d.h. mit geringem Kraftstoffverbrauch) längere Zeit überschallschnell zu fliegen. Künftig wachsende Bedrohung durch EloKa (Elektronische Kampfführung) verlangt überdies universelle ECM/ECCM-Avionikausrüstung.

Mit modernster Radar-, Laser und IR-Sensorik, zukunftsorientierter Navigations- und (INEWS – Integrated Electronic Weapon System)-Waffeneinsatzavionik, Bordkanone, intern mitgeführten zwei SRAM/ASRAAM (Advanced Short-Range Air-to-Air Missile) AIM-132A und vier AIM-120A AMRAAM (Advanced Medium-Range Air-to-Air Missile) Luftkampflenkwaffen soll die F-22 den Luftgegner »zuerst sichten, schießen und treffen«. Ihre bislang

einmalige Wendig-
keit und Beschleunigung macht
sie großräumig wie im Nahluftkampf
gleichermaßen überlegen. Der Preis dafür ist hoch.
In Zweitrolle soll die F-22 auch zum Einsatz gegen
Bodenziele fähig sein. Große Flügelfläche und starke
Triebwerke erlauben eine hohe Zuladungskapazität,
Außenlasten beeinträchtigen allerdings Stealth-Cha-
rakteristik und Flugleistungen.

Zukunftstechnologien

Der F-22-Entwurf vereinigt jüngste und vorher-
sehbare Technologiefortschritte in allen relevanten
Bereichen. Superschnelle Digitalcomputer, automatisierte Triebwerk- und zweidimensionale Schubvek-
tordüsensteuerung via Lichtwellenleiter kennzeich-
nen die neue hochkomplexe »Fly-by-Light«-Flug-
steuerungstechnologie. FbL-Steuerung und Vektor-
schub verleihen dem Flugzeug mehrfach große Roll-
raten bei niedrigen Geschwindigkeiten und extrem
hohen Anstellwinkeln. Bei Mach 1,4 rollt die Maschine 1/3 schneller und kann – trotz ihrer Größe extrem wendig – fast »auf dem Absatz kehrtmachen«.
VHSIC (Very High Speed Integrated Circuit)-Pro-
zessoravionik mit Hochleistungsdatenbussen senkt
die Zahl der Einzelkomponenten, Gewicht und Kosten drastisch. Lichtwellenleiter (Fibre Optics/Glasfa-
serkabel) ermöglichen zigfach schnellere und größere
Datenmengenübertragung, sie sind zudem extrem
leicht und störfest. Das enorm wachsende Allround-
Informationsaufkommen wird automatisch aufberei-

▲ Eine der beiden YF-22A (N22YX,
PAV – Prototype Air Vehicle). Der Pilot hat in seinem
»Glashaus« unbeschränkte Rundumsicht. Gut sichtbar die
konvergent/divergenten 2D-Vektorschubdüsen.

tet, komprimiert und selektiv – für den Piloten noch
erfaßbar – situationsgerecht abrufbar auf Multifunktionsfarbmonitoren dargestellt.

▼ Der Blick aus dem Tanker zeigt die charakteristische
Formgebung der YF-22A mit tiefliegenden reflexionsarmen
Lufteinläufen.

Technische Daten	
Spannweite, m	13,10
Länge, m	19,56
Höhe, m	5,41
Leergewicht, kg	12.700
Kampfstartgewicht (STOL, 70% Innenbetankung)	24.000+
Triebwerke: 2 x General Electric YF120-GE oder Pratt & Whitney F119-PW-100/200 (ATEGG — Advanced Technology Engine Gas Generator / JTDE — Joint Technology Demonstrator Engine) ca. 20.000 kp (trocken), 32.000 kp (NB)	
Höchstgeschwindigkeit, Mach	2+
Aktionsradius (o. Nachtanken), km	800+
Gipfelhöhe, m	15.250+

◀ Der F-22-Prototyp zeigt interessante Details der Triebwerks- und »Stealth«-Technologie.

► YF–22 im engen Looping
während der Flugerprobung.

Der Erstflug erfolgte am 27. August 1990. Bei einem Testflug mit Testpilot Tom Morgenfeld am 25. April 1992 gab es vermutlich im Landeanflug einen Software-Crash im Bordcomputer des FbL-Steuersystems. Durch Aufschlagbrand wurde das Flugzeug zu 25 % beschädigt, der Pilot kam leicht verletzt davon. Programmverzug ist die Folge. Ähnliche Probleme gab es mit der schwedischen JAS-39 *Gripen*.

Primärentwicklungsziel ist die radikale Senkung von Mannstunden in der Wartung und des Unterhaltsaufwands, damit der Lebensdauerbetriebskosten.

Die zur Luftverlegung notwendige Kapazität für eine F-22-Staffel gegenüber einer F-15-Einheit soll nur ein Drittel betragen. Die Zuverlässigkeit — ein weiterer Kostenfaktor, verglichen mit der F-15 — ist zweimal, die Einsatzverfügbarkeit (Klarstand) anderthalbmal besser.

Im Vergleich zum F-15-Vorgänger benötigt die F-22 nur halb soviel logistische Unterstützung, Wartung, Mannstunden und Ersatzteile.

Triebwerke

Zwei konkurrierende Testtriebwerke werden erprobt : Pratt & Whitney YF119-PW und General Electric YF120-GE. Beide sollen dem Flugzeug »Super Cruise«-Fähigkeit bei Mach 1,6 (d.h. Langzeitüberschallflug ohne Nachbrenner) gewährleisten. Das Triebwerkgewicht/Schubverhältnis soll bei 1:10 liegen, 25 % höher als bei F-15/16-Turbofans.

Das vollintegrierte Fly-by-Wire/Light Flugsteuerungssystem mindert die Arbeitsbelastung des Piloten im aerodynamisch instabilen Flugzeug erheblich. Der Pilot bestimmt die Flugmanöver, der Computer die optimalen Funktionen dazu.

Ein Drittel der Zellenstruktur besteht aus gewichtsparenden Faserverbund(Glas/Kohlefaser/Graphit-Polyamid-Kunstharz)werkstoffen.

Nach der Einstellung des A-X/A-12 *Avenger II*-Programms liebäugelt die US Navy mit einer NATF (Naval Advanced Tactical Fighter)-Allwetter-Strike-Version der F-22 für den harten Trägereinsatz mit Zweitrollenfähigkeit als Jäger zum Beginn des 21. Jahrhunderts. Haushaltsmittel fehlen bisher dafür. Das ATF-Programm ist mit geschätzten 130 Milliarden DM Gesamtkosten das bislang teuerste USAF-Ausrüstungsvorhaben, die Beschaffungszahl wurde inzwischen von 648 auf 422 reduziert.

▼ Eskortiert von einer F-16B (Chaser) wird der YF-22 Prototyp von einer Boeing KC-135C luftbetankt.

NORTHROP/MDD YF-23

Die Northrop/McDonnell Douglas YF-23A konkurrierte mit dem Lockheedteam in der ATF-Ausschreibung, die USAF entschied sich jedoch für die Lockheed YF-22A *Lightning II*.

Die YF-23A ist bei vergleichbarer »Stealth«-Technologie und »Super Cruise«-Fähigkeit etwas größer als die F-22 und hat gleiche Triebwerke im einteiligen, weitgehend aus Composite-Materialien gefertigten Rumpf. Sie flog erstmals am 27. August 1990, zwei Tage vor dem offiziellen Debüt der YF-22A.

Das von Northrop mit diesem Entwurf verwirklichte Optimum an »Stealth«-Charakteristik zeigen die parallelen Flügel- und Leitwerkwinkel. Der Rumpfbug ähnelt der Lockheed SR-71 *Blackbird*. Die intern untergebrachte Bewaffnung (Bordkanone und AIM-9 *Sidewinder* für den Nahluftkampf und

▼ Die beiden einzigen Prototypen YF-23A über dem Erprobungsstützpunkt Edwards AFB, CA.

▲ Diese YF-23A-Ansicht zeigt die einteilige Triebwerkabdeckung aus Composite-Material. Die rechnerautomatisch gesteuerten Nasenklappen und Lufteinläufe tragen zur »Stealth«- und Manövriercharakteristik bei.

AIM-120A AMRAAM zum Fernluftkampf) wird zum Abschuß hydraulisch ausgefahren.

Die sehr schlanke YF-23A war als Nachfolger der F-15 mit starken Triebwerken und für das ATF-Programm entwickelter Avionik zweifellos ein Hochleistungsflugzeug für die globale Luftüberlegenheitsjagd. USAF-Brigadegeneral James A. Fair Jr. sagte zu diesen beiden revolutionären Flugzeugen: »Wir haben niemals einen Krieg geführt, ohne in der Luft überlegen zu sein! Ich glaube auch nicht, daß Amerika seine Söhne jemals in einen Krieg ohne Luftüberlegenheit schicken wird.« Aber selbst der Wirtschaftsriese Amerika kann nicht gleichzeitig zwei dieser, mit einem Aufwand von je 1,2 Milliarden DM allein für Entwicklung und Bau von zwei Prototypen und geschätzten Stückkosten von weit mehr als 150 Millionen DM enorm teuren Flugzeugprogramme finanzieren. Das ursprüngliche USAF-ATF-Programm sah 750 Flugzeuge vor, wurde aber bereits auf fast die Hälfte gekürzt, die Produktionsentscheidung nach 1996 verschoben.

▶ Die YF-23A (87-0800) zeigt ihre reflektionsarme Formgebung mit Doppeldeltaflügel, breit gespreiztem Doppelleitwerk und den zur Reduzierung der Wärmesignatur über dem Rumpfheck liegenden 2D-Vektorschubdüsen.

Technische Daten	
Spannweite, m	13,29
Länge, m	20,35
Höhe, m	4,24
Fluggewicht, kg	NN
Triebwerke: 2 x Pratt & Whitney YF119–PW oder General Electric YF120–GE Turbofans, je ca. 13.650 kp Nachbrennschub	
Höchstgeschwindigkeit, Mach	2+
Marschgeschwindigkeit (ohne NB), Mach	1,6
Reichweite, km (m/o Luftbetankung)	NN
Gipfelhöhe, m	15.250+

▲ Beide Prototypen YF–23A in der Navy/Air Force-Bemalung (links die 87–0800 im anthrazitfarbenen, rechts die 87–0801 im hellen »Air Superiority«-Kleid) über der Wüstenlandschaft Nevadas.

LOCKHEED F-117A *Nighthawk*

Schon 1986 erregte ein Plastikmodellbausatz in aller Welt Aufsehen. Im November 1988 lüftete die US-Regierung das Geheimnis um den längst gerüchteumwobenen »Stealth«-Jäger Lockheed F-117A, zuvor inoffiziell F-19A oder *Ghostrider* (Geisterreiter), von den Piloten *Frisbee* genannt. Einer Fledermaus nicht unähnlich trat das schwarze, F-15-große Flugzeug aus ahnungsvollem Dunkel höchster Geheimhaltungsstufe »Royal Secret« ins öffentliche Rampenlicht, Ausdruck modernster Luftfahrttechnologien. Damit wollte das Pentagon von massiver Kritik an diesem *Have Blue*-Programm und am ebenso geheimnisumwobenen B-2-Projekt ablenken.

Den Entwicklungs- und Produktionsauftrag für diesen radar-»unsichtbaren« Jagdbomber erhielt die Lockheed Advanced Development Company im November 1978. In den streng geheimen *Skunk-Works* im kalifornischen Burbank entstand die F-117 innerhalb 31 Monate – vom Reißbrett bis zum Erstflug. Mit jährlich bis zu acht Maschinen endete die Produktion bei bislang 59 Flugzeugen, darunter sollen wenige Zweisitzer F-117B sein. Schon die weltbekannten Höhenaufklärer U-2 und SR-71 wurden hier gebaut.

Abgesehen von Formgebung und Supergeheimhaltung sei, so Lockheed, die F-117A ein konventionelles Flugzeug. Komponenten und Subsysteme stammen aus Kostengründen – der Stückpreis liegt dennoch über 180 Millionen DM – von vorhandenen Typen, so z.B. das FbW-Steuersystem von der F-16, das Cockpit von der F-18. Die weiterhin geheime Struktur- und Formauslegung ist auf weitgehende Diffusion und Absorption von Radarstrahlen optimiert. Mindestens drei Maschinen stürzten wegen noch unvollkommener Flugsteuerung ab, daher der Spitzname *Wobbly Goblin (Wackliger Kobold)*.

Zwei zellenintegrierte General Electric F404-GE-400 Turbofans mit oberhalb der Flügelhinterkanten austretendem Schubstrahl werden zur IR-Signaturdämpfung durch Sekundäraußenluft stark abgekühlt. Die F-117A ist aerodynamisch künstlich instabilisiert und nur mittels Fly-by-Wire-Flugsteuerung relativ leicht und manövrierfähig zu fliegen.

Bewaffnung

Im Waffenschacht haben vielfältige Abwurfwaffen Platz, darunter lasergelenkte Präzisionsgleitbomben, taktische Submunitionsbehälter oder vermutete Nuklearwaffen. Die komplexe Bordavionik umfaßt integrierte Navigations-, Flugsteuer- und Feuerleitsysteme. Der sehr erfolgreiche Golfkriegeinsatz bewies die Zielpräzision dieses Jagdbombers, zu dessen vergleichbarer Punkttrefferwirkung

▼ Eine F-117A in Halteposition an der Startbahn, im Hintergrund eine zweite Maschine.

▲ Eine F–117A
über dem geheimen Erprobungsplatz To-
nopah AFB in Nevada. Im Golfkrieg standen die »schwarzen
Monster« tagsüber in getarnten Schutzbauten.

man im Zweiten
Weltkrieg noch 9.000 Bomben
brauchte. Erfolgs- und Überlebensvoraussetzung sind
außer dem »stealth«-bedingten Überraschungsmo-
ment die Präzisionslenkwaffen und -gleitbomben.

Die extreme Geheimhaltung der F-117A-Entwicklung
ähnelt der beim *Manhattan*-Projekt (erste US-Atom-
bombe) im Zweiten Weltkrieg. Selbst die Bezeichnung
»Stealth« wurde offiziell vermieden. Bis zur Freigabe
durch die US-Administration erfolgte die Erprobung
nur nachts, Anlaß genug zu immer neuen Spekulatio-
nen. Während der Entwicklung, Erprobung und ersten
Truppeneinführung lebten die Besatzungen in Las Vegas. Montags flogen sie zur geheimen Tonopah AFB,
freitags zurück. Auch ihre Angehörigen wußten bis zu-
letzt nichts über Auftrag und Einsatzort der Piloten.

Die Radarechos zerstreuenden oder absorbierenden
Schrägflächen »tarnen«, Schubdüsen oberhalb der
Flügelhinterkante minimieren die IR-Signatur der
F-117A, um im Einsatz unerkannt zu bleiben, bis die
Bomben zeit- und punktgenau treffen.

Kampfeinsatz

Das Geheimnis der F-117A wurde am 22. April 1990
gelüftet, dazu flogen zwei Maschinen zur Nellis AFB

bei Las Vegas in Nevada. Über 100.000 Besucher
wollten diesen amerikanischen Wundervogel sehen.

Am 19. August 1990 verlegte der Einsatzverband
nach Langley AFB in Virginia, von hier aus wurde
Saddam Hussein öffentlich gewarnt. Fünfeinhalb
Monate ignorierte der irakische Despot diese War-
nungen – bis erste Bomben mitten in Bagdad explo-
dierten.

F-117A und AH-64A *Apache*-Kampfhubschrauber
schlugen bei Kriegsbeginn im Morgengrauen des 17.
Januar 1991 entscheidende Breschen in die massierte
irakische Luftverteidigung. *Nighthawks* zerstörten
mit »intelligenten« (selbstzielsuchenden) 1.000-kg-
Laserpräzisionsbomben Prioritätsziele mitten in Bagdad, darunter das irakische Führungs- und Fernmel-
dezentrum. In der ersten Nacht griffen F-117A mit nur
2,5 %-Anteil an der Gesamtluftmacht der Golfallianz
31 % der wichtigsten militärischen Ziele in der irakischen Hauptstadt an.

Während der Operation *Desert Storm* flogen sie
über 1.300 Einsätze, vornehmlich gegen stark vertei-
digte Ziele, hauptsächlich in der Regierungsmetro-
pole. Hauptgründe, dafür nur die F-117A einzusetzen,
waren:

Technische Daten	
Spannweite, m	13,21
Länge, m	20,15
Höhe, m	3,90
Fluggewicht, kg	23.850+
Triebwerke: 2 x General Electric F404-GE Nebenstrom-Zweikreis-Turbofans, je 7.300+ kp Nachbrennschub	
Höchstgeschwindigkeit, Mach	0,85+
Aktionsradius	(mit Luftbetankung fast unbegrenzt)
Weitere Angaben klassifiziert	

▼ Eine F-117A hoch über verschneiten Bergen im Westen der USA.

◀ In der Dämmerung fliegt diese F–117A mit eingeschalteten Positions- und Warnblinkleuchten.

▼ Das einsitzige F–117A-Cockpit bietet nur begrenzte Sicht nach hinten, scharfkantige, reflexionsarme Fenster tragen zum »Stealth«-Effekt bei.

1. Sie blieb für die irakische radargeführte Flak- und Raketenabwehr unsichtbar. 2. Sie traf militärische Primärziele inmitten der vorwiegend von Zivilbevölkerung bewohnten Stadtviertel mit der notwendigen Genauigkeit. Außerdem wurden nur noch *Tomahawk*-Marschflugkörper gegen Ziele in Bagdad eingesetzt.

Die militärischen Befehlshaber im Golfkrieg zögerten nicht, das geheimste amerikanische Kampfflugzeug als Speerspitze des alliierten Gegenschlags einzusetzen. Im Gegensatz zu früheren Konflikten, wo Militärs davor zurückschreckten, modernstes, für den Feindnachrichtendienst hochinteressantes Gerät zu verlieren. F-117A zerstörten 95 % aller wichtigen Ziele in Bagdad. Alle Angriffe wurden zur Wirkungsanalyse video-aufgezeichnet, sie erfolgten ohne CAP (Combat Air Patrol)-Jagdschutz oder Bodenabwehr niederhaltende Begleitangriffe. Je fünf F-117A wurden nacheinander durch ein Tankerflugzeug luftbetankt. Dieses ungewöhnliche Flugzeug hat herkömmliche Luftkampfszenarien und Angriffstaktiken

▼ Zwei *Stealth*-Bomber startbereit in der Abenddämmerung vor dem Tower des Einsatzplatzes.

gegen Prioritäts- und Punktziele radikal verändert. Im Golfkrieg flogen F-117A ohne Positionsleuchten bei absoluter Funkstille. Nach sekundengenauer Flugdurchführung trafen ihre Bomben die Punktziele auf den Meter genau. Radartarnung und hohe Zielgenauigkeit dienten der Vermeidung gegnerischer Bodenabwehr ebenso wie möglicher Kollisionen mit eigenen Flugzeugen des Angriffsverbandes bei Nacht. Die F-117-Piloten nutzten zudem Pausen, wo die Iraker ihre heißgeschossenen Flak-Geschütze kühlten. Bei allem Erfolgsstolz blieb vieles geheim. Veröffentlichungen besagen übereinstimmend, daß F-117A weit weniger Einsatzunterstützung brauchten als andere Typen. In 6.900 Einsatzflugstunden warfen sie über 2.000 Tonnen Bomben mit größter Präzision ab. Trotzdem bekamen die 50 Flugzeuge nicht einen einzigen Kratzer durch Gegenwehr. Die »Stealth«-Technologie hat sich als neuartiges »Kampfmittel« voll bewährt.

BOEING VERTOL/BELL V-22 *Osprey*

Senkrechtstart und -landung sind seit Einführung des Hubschraubers allgemein bekannt. Die Forderung höherer Horizontalgeschwindigkeit führte zu zwei neuen Konfigurationen : Eine kippt Flügel samt Antrieb, die andere nur die Schwenktriebwerke mit Propellerrotoren. Viele andere Projekte scheiterten an technisch-konstruktiven und aerodynamischen Problemen. 1921 entwarfen die Amerikaner Leineweber und Curtiss einen Schwenkflügler.

Nach 1945 brachte die US-Luftfahrtindustrie mehrere Senkrechtstarter heraus. In England entstand der erste erfolgreiche Serien-V/STOL-Jäger *Harrier*. Strahlantrieb eignet sich jedoch weniger für den Truppentransport als sparsamere Propellerturbinen.

Erst mit den nach 1954 USAF-finanzierten, aber technisch noch unzureichenden Versuchsmustern Bell *Transcendental 1C* und (Tilt)Kipprotortestgerät XV-3 gelangen Transitionsversuche. Bell Helicopter Textron, Inc., in Fort Worth, TX., entwickelte zwei XV-15-Prototypen für Heer, Marine und NASA, deren erster 1977 flog. Zusammen mit Boeing (Vertol) Helicopters Co. in Philadelphia, PA., entstand 1982 im

Rahmen des JVX (Joint Vertical Lift Experimental)-Programms für alle US-Teilstreitkräfte das Mehrzweck-VTOL-Kipprotorflugzeug Modell 901, später V-22 *Osprey* bezeichnet. 1985 gab es grünes Licht für dieses Projekt. Der Erstflug fand im Juni 1988 statt. 1.213 Stück waren anfangs geplant : 522 MV-22A (Kampfunterstützung, USMC), 50 HV-22A (Einsatz-SAR, USN) und 300 (Ubootabwehr, USN), 231 MV-22A (Truppentransport und Einsatzunterstützung, USAr) und 80 (Spezialeinsätze) für die USAF. Nach dem Absturz des 4. Prototyps am 20. Juli 1992 bei Quantico, VA., infolge Ölbrandes im rechten Triebwerk, dauern Entwicklungs- und Finanzierungsprobleme an und verunsichern die Zukunft des Programms. Alternativ- und Änderungsprogramme, teils mit anderen Partnern, sollen Abhilfe und Klarheit schaffen. Aus dem Pentagon kamen vorerst 3,5 Milliarden DM Entwicklungsgelder.

Das Bell/Boeing-Team wurde für diese zukunftsweisende V-22-Technologie mit dem begehrten *Collier*-Pokal ausgezeichnet. Die Vorteile der V-22 in Ge-

▼ Obwohl scheinbar fremdartig und unbeholfen, repräsentiert der hier im Schwebeflug gezeigte zweite V-22-Prototyp eine zwei Milliarden Dollarinvestition in Zukunftstechnologien.

▲ Im Horizontal-
flug ist die V-22 mit den großen
Rotorpropellern mit 400 km/h viel schneller als
moderne Hubschrauber.

schwindigkeit und
Reichweite sind – verglichen
mit Hubschraubern – augenfällig. Im zivilen Inter-
city-Verkehr könnte sie Passagiere und Luftfracht
von Stadtmitte zu Stadtmitte befördern.

Neue Technologie

Die V-22 ist eine kühne Neuentwicklung. Zum
Senkrechtstart kippen die Propellerturbinen an den
Starrflügelenden um 90° in die Vertikale. Bei der
Transition zum Horizontalflug schwenken sie horizontal zurück. Mit Turboprop-Geschwindigkeit sind
so weite Strecken schneller, leiser und kostengünstiger als mit dem Hubschrauber zurückzulegen. Besonders das US Marine Corps initiierte und forcierte dieses Programm.

Hubschrauberlandeplätze auf Hochhäusern der
City eignen sich für Start und Landung genauso wie
Trägerdecks, da die Kipprotoren die Dächer überra-
gen. Die V-22 ist manuell und automatisch gesteuert
instrumenten(blind)flugtauglich. Trägerdeck- und
Hochhauslandungen sind so auch bei Schlechtwetter
mit Autopilot möglich. Dies wurde im Dreimilliar-
denprogramm des US Naval Air Systems Command
(NASC) für erste sechs Prototypen nachgewiesen.

Im Januar 1991 bestätigten zwei V-22 ihre Bord-
tauglichkeit. Von Bord des amphibischen Landungs-
führungsschiffs USS Wasp (LHD-1) flogen sie 90 km
entfernte Küsteneinsätze. Nur das Abgassystem
mußte zum Schutz des Trägerdecks geändert werden.
Serienflugzeuge erhalten einen Heißgasabweiser, der
zugleich den Turbinenrestschub erhöht. Zur Unterbringung in Trägerhangars sind Flügel und Kipprotoren 90° faltbar ausgelegt.

▶ Eine V-22 schwebt bei Bordeignungstests zur Landung
auf dem Trägerdeck ein.

Testpiloten fanden die V-22 recht einfach zu
fliegen, der hubschrauberähnliche Senkrechtstart
erzeugt wegen der gegenläufigen Rotoren kein Dreh-
moment. Die Transition dauert nur Sekunden, während das Flugzeug mit Flügelauftrieb in den Schnellflug übergeht.

Die Transition vom Horizontal- in den Schwebeflug
verläuft umgekehrt. Dabei geht die Vorwärtsge-
schwindigkeit beim Kippvorgang auf Null zurück.
Der stabile Schwebeflug (Hovering) entspricht dem
des Hubschraubers. Entwicklungsziel sind 630 km/h
Höchstgeschwindigkeit.

Bei 12.700 kg Leergewicht hängt der Start mit
18.200-26.800 kg davon ab, ob im 150 m Kurzroll-
start mit 20° Propellerneigung (plus Flächenauftrieb)
oder Senkrechtstart abgehoben wird. Die Zuladung
wird mit 4.550 kg (intern) bzw. 6.800 kg (außen) angegeben.

Bei 3.900 km Überführungsreichweite beträgt das Höchstfluggewicht 27.500 kg, wobei Zusatztanks anstelle von Passagieren oder Fracht intern eingerüstet werden.

Technische Daten	
Rotordurchmesser, m	11,58
Spannweite (mit laufenden Rotoren), m	26,16
Rumpfbreite, m	1,81
Länge, m	17,47
Höhe, m	5,28
(Rotoren 90°), m	6,64
Triebwerke: 2 x Allison (T-56/T406) 501-M80C Propellerturbinen, je 6.150 WPS	
Höchstgeschwindigkeit (Helo), km/h	180
(Flz), km/h	442
Reichweite (Innenbetankung), km	1.850
Gipfelhöhe, m	NN
Luftbetankung vorgesehen	

Einsatzzuladung und -reichweite sind missionsabhängig. 24 vollausgerüstete Soldaten (oder 12 Tragbahren samt Sanitätspersonal) sind rund 925 km weit zu transportieren, bei geringerer Beladung durch die hydraulisch betätigte Heckrampe mit voller Innenbetankung 1.850 km. Der Laderaum ist für 9.000 kg ausgelegt, an zwei Außenslinghaken sind je 4.500 kg, an beiden (hintereinander) 6.800 kg mit 370 kmh zu befördern. Für die USMC-Version sind eine 25-mm-Bordkanone und AGM-65 *Maverick* Luft/Bodenlenkwaffen vorgesehen.

Kipprotoren

Die Dreiblatt-Kipprotoren bestehen aus Glasfaser-Kunststoffverbundmaterial, das auch im Hubschrauberbau verwendet wird.

Composite-Rotorblätter aus Faserverbundwerkstoff sind langlebiger, widerstandsfähiger und nahezu wartungsfrei. Bei Beschußschäden bleiben sie

▼ Vorflugprüfung einer V–22 während der Erprobung.

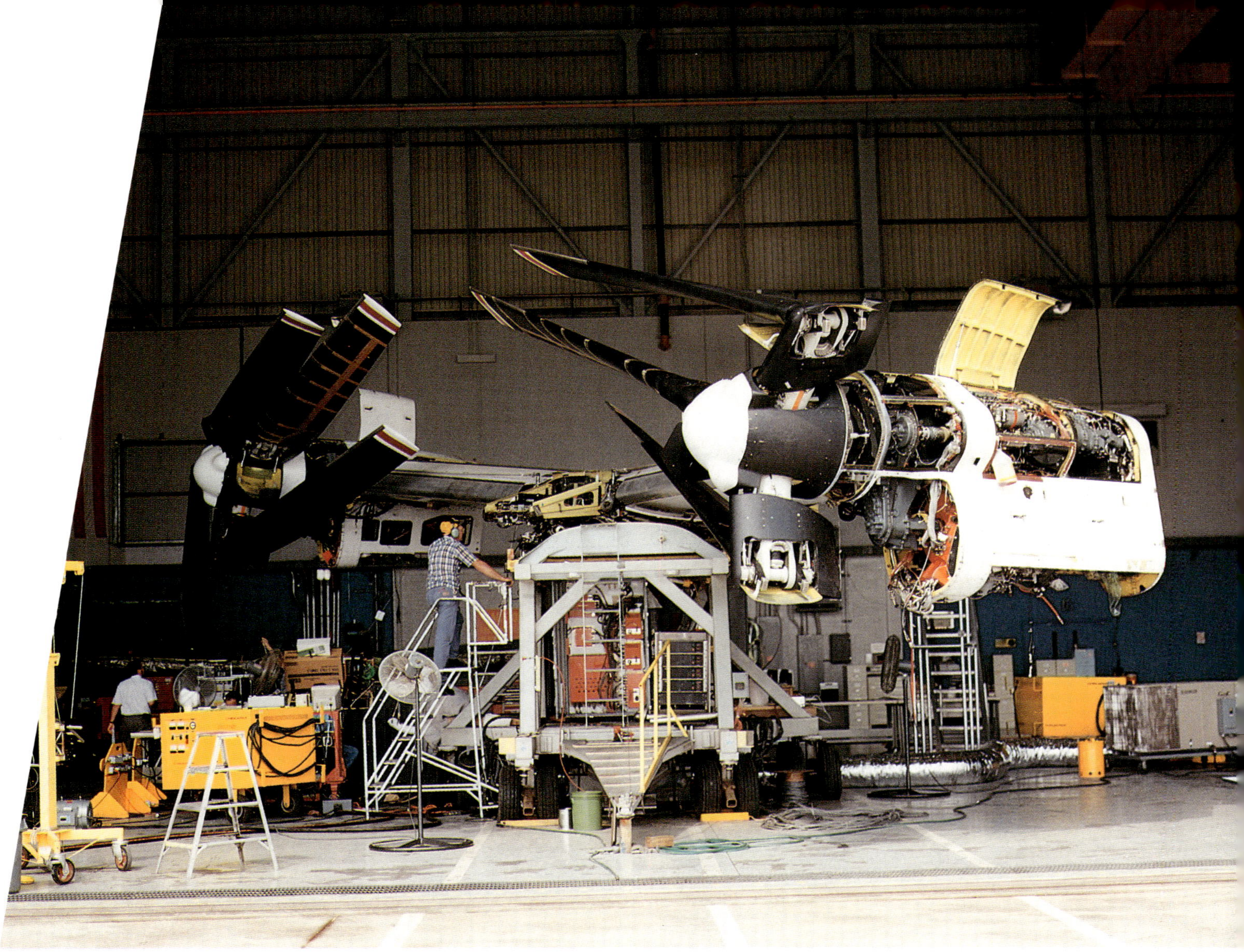

weitgehend intakt und erlauben mindestens eine Notlandung. Risse breiten sich in Glasfasermaterial nicht (wie in Metall) aus.

Bei 12 m auseinanderliegenden Rotoren wäre ein Triebwerksausfall katastrophal. Daher sind beide Turbinen über eine im Normalbetrieb drehzahlgleich mitrotierende Gelenkstahlwelle verbunden. Bei Ausfall einer Allison T406-AD-400 Wellenturbine klinkt die Kupplungswelle automatisch ein und gewährleistet seitengleichen Auftrieb bzw. Vortrieb. Im Einmotorenbetrieb sind die Triebwerke auf 4.200-5.290 WPS gedrosselt. Der Pilot kann – wie bei leistungsstarken Hubschraubern – mit dem Gashebel das Antriebslimit (PDR – Pilot Down Rating) vor Erreichen der Turbinenhöchstleistung nicht überbeanspruchen.

Auf Flugzeugträgern müssen Bordflugzeuge in engen Unterdeckhangars verstaut werden. Bei der V-22 werden zuerst die Rotoren, dann der Tragflügel in 90 s automatisch gefaltet und rumpfparallel geschwenkt. Gefaltet wird die V-22 mit Deckaufzügen in die Hangars befördert.

Die V-22 *Osprey* ist das erste »Ganzplastik«-Militärflugzeug mit sogenanntem »Glas«-Cockpit, das Flugführungs-, Missions-, Navigations-, System- und Betriebsanzeigen auf vier Multifunktionsfarbmonitoren darstellt. Sie werden anstelle vieler Einzelinstrumente, Knöpfe und Hebel durch beleuchtete Tastschalter bedient. Die Mittelkonsole enthält zwei, für beide Piloten zugängliche Digitaldatenrechnerkontrollmonitore, mit denen alle Subsysteme, vom Triebwerkanlassen bis zur Navigation, überwacht und bedient werden.

Die V-22 soll die Hubschraubergenerationen CH-46, CH-47, CH-53 und UH-60 ablösen. Steigende Entwicklungskosten und Haushaltskürzungen gefährden das Programm zumindest teilweise.

▲ Zur Trägerunterbringung auf engem Hangarraum werden die Rotoren, hier auf einem Versuchsstand, gefaltet. Danach schwenkt der gesamte Flügel rumpfparallel um 90°.

LOCKHEED SR-71 *Blackbird*

Für viele war die SR-71 Inbegriff moderner Hochleistungsflugzeuge. Ihrer Flugleistungen und der sie umgebenden Geheimhaltung wegen sucht sie ihresgleichen. Vieles wurde über sie veröffentlicht, ihre wirkliche Höchstgeschwindigkeit und Aufklärungsausrüstung aber wird noch lange im Dunkeln bleiben. Nicht mehr militärisch eingesetzt steht sie heute in Museen. Nur wenige fliegen noch bei der NASA in friedlicher Mission zur Erforschung der Ozonschicht.

Ende der 50er Jahre begann der berühmte Lockheed-Konstrukteur Clarence L. »Kelly« Johnson, seit 1958 Direktor der Lockheed Advanced Development Co., in den jahrzehntelang geheimsten *Skunk-Works* in Burbank, CA., mit der Entwicklung des U-2-Nachfolgers. Den Entwurf eines Höhenabfangjägers mit Flüssigwasserstoffantrieb (Mach 4 in 36.000 m Höhe) hatte man zuvor aufgegeben. In der ersten »A-Serie« (A-11/F-12) war dieses Flugzeug ein Wettbewerber in Konkurrenz mit Boeing, Convair und North American, finanziert durch die USAF und das Oxcart-Programm des CIA. Als der Welt erstes Serienflugzeug flog es schneller als Mach 3. Dem Prototyp A-11 folgten drei YF-12, eine ging verloren, zwei erhielt später die NASA.

▼ Eine SR-71A über dem Werks- und Versuchsgelände.

Konstruktionsauslegung

Das Flugzeug wurde – angeblich zu über 90 % des Leergewichts von 17.200 kg für die A-12 und 27.200 kg für die SR-71 – aus einer von Lockheed und der Titanium Metals Corp. entwickelten BEta B-120-Titanlegierung gebaut. Sie wiegt nur halb soviel wie Edelstahl, ist aber ebenso widerstandsfähig.

Titan-Bearbeitung ist noch heute schwierig und aufwendig. In der Raumfahrt übliche Werkstoffe waren noch wenig verbreitet. Einzelne Bauteile bestanden aber schon aus Composite-Kunststoffen. Titan ist unverträglich mit chemischen Elementen wie Chlor, Fluor und Cadmium. Bei Berührung reagiert es mit 315 ° C, wird heiß und brüchig. Verarbeitet wird es im Vakuum. Durch sommerlich hohen Chlorgehalt im Wasser oder Cadmium-Werkzeug gab es viele Bruchteile. Man mußte destilliertes Wasser zur Reinigung benutzen und Cadmium-gehärtete Geräte aus Werkzeugkisten verbannen.

Flügelbeplankungen verzogen sich durch die große Reibungshitze bei dreifacher Schallgeschwindigkeit. Abhilfe brachte Titanwellblech, das sich höchstens um ein paar Tausendstel Millimeter Wellung ausdehnt. Für die innen durch Kraftstoff gekühlten Flügel wurden speziell dehnbare Tankdichtungen entwickelt. Dennoch kam es bei leeren Tanks zu Verwerfungen der Außenhaut. Ob dieses Problem endgültig gelöst wurde, ist nicht bekannt, immerhin wurde es toleriert. Als Aufklärungs/Strike-Flugzeug wurde die SR-71 mit 45.500 Liter speziellen, von der

Shell Oil Co. entwickelten JP-7-Treibstoffs betankt, damit wuchsen Leergewicht und Größe. JP-7 diente zugleich als Kühlmittel und mit Hydrokarbonatzusätzen als Hydrauliköl zur Schmierung von Pumpen und Ventilen. Es ist so flammstabil, daß zum Triebwerkund Nachbrennerstarten extra Zündmittel eingespritzt wurden.

Triebwerke

Die erste A-12 wurde zur Remontage und Flugvorbereitung mit der Bahn zum Indian Springs/Groom Lake-Versuchsplatz in Nevada, bei Eingeweihten nur »die Ranch« genannt, transportiert. Am 26. April 1961 flog Lockheed-Testpilot Lou Schalk die A-12 zum ersten Mal. Anstelle erst später einbaureifer J-58 wurden zunächst J-75 Turbinen verwendet. Damit mögliche Mach 1,2 reichten für die Ersterprobung aus.

Sieben Monate später konnten Pratt & Whitney J-58, in Fachblättern, nicht vom Hersteller, so bezeichnete, »Turbo-Ramjets« nachgerüstet werden. Die Einsatzumgebung dieser Triebwerke war einzigartig und anspruchsvoller als für die damals auftauchende MiG-25. Für Kelly Johnson begann nun die eigentliche Flugerprobung. Nach erster offzieller Erwähnung einer A-11, dann A-12, durch Präsident Lyndon B. Johnson am 29. Februar 1964 entstand allgemeine, sicher gewollte Konfusion.

Parallel zum Projektbeginn der drei Versionen der A-12-Familie lief die Entwicklung des ursprünglich für ein aufgegebenes US Navy-Programm bestimmten J-58-Triebwerks an. Wegen seines sehr hohen Nebenstromverhältnisses ist es für Militärflugzeuge einmalig. Ähnlich den MiG-25-Triebwerken hat der Nachbrenner mit 82,4 % den größten Gesamtschubanteil von über 14.500 kp in Seehöhe, die Turbine selbst nur mit

▼ Vom Einsatz zurückgekehrter *Blackbird*. Die Reifen weisen auf hohen Verschleiß durch Abrieb und Hitze hin. Vor jedem Einsatz werden sie ausgetauscht. Stunden dauert es, bis die nach einer Hochgeschwindigkeitsmission bis auf 600° Kelvin (≈ 326 °C) aufgeheizte Zelle abkühlt.

17,6%. Damit fliegt die SR-71 längere Perioden schneller als Mach 3,2. Schub und Widerstand hängen entscheidend vom Lufteinlauf und Schockwellenkegel ab.

Offenbar lag das größte Entwicklungsproblem in der Steuerung von Luftdurchsatz und Stoßwellen durch den großen Einlaufkegel im Luftansaugschacht. In gewissen Flugsituationen muß der Kegel einem Staudruck von 14,5 Tonnen standhalten. Geschwindigkeitsabhängig wird der Kegel zur Luftstromsteuerung bis zu einem Meter im Lufteinlauf vor- und zurückbewegt. Über 25.000 Windkanal-Teststunden wurden allein dafür aufgewendet. Mit dem hundertgradheißen Abgasstrahl eines (Starfighter) J-79-Turbojets simulierte man Temperatur und Strömungsgeschwindigkeit der Ansaugluft im J-58. Auf Fotos dieser Testeinrichtung mit beiden laufenden Triebwerken glühen die J-58-Heckteile tiefrot.

Bei Flugversuchen gab es »Unstart«-Probleme im Lufteinlauf, d.h. Steuerausfall für Ansaugluft und Schockwelle mit plötzlichem Leistungsabfall. Das Triebwerk blieb nicht stehen, überhitzte aber ohne Luftdurchsatz schnell. Abhilfe schufen zusätzliche Luftansaugschlitze und größere Nebenstromklappen, die das J-58 besser kühlten und Sekundärluft direkt in den Abgasstrom leiteten. Um vollen, 40-fachen Staudruck in den Nachbrenner zu leiten, mußten die Turbinengondeln absolut druckdicht sein.

Der freitragende Mehrholm-Deltaflügel hat nur ein Dickenverhältnis von 2,5% und dient zu 2/3 der Treibstoffunterbringung. Seine Nasenkante ist 52,6° rück-, die Hinterkante 10° vorgepfeilt. Beide J-58 sind in Flügelmitte in durchgehenden Spantringen gelagert, die voll beweglichen Seitenflossen sitzen 15° einwärts geneigt auf den Triebwerkgondeln, um den Vortex des Rumpfbugs zu nutzen.

Etwa 26 Y/A-11 (60-6924-41), 18 Y/F-12 (Einsitzer, 60-6934-36) und 35 SR-71A Zweisitzer (60-6937, 64-17950-81, davon drei SR-71B/C Trainer 64-17951/56/81) sind offenbar gebaut worden. Alle waren mit hitzefesten, elektromagnetische Strahlung abweisenden Eisenpigmentfarben mattschwarz (daher Blackbird) bemalt.

Die erste SR-71A ging am 7. Januar 1966 an die 1965 aufgestellte 4200. SRW (Strategic Recce Wing, später 1. SRS/9. SRW) auf der Beale AFB bei Sacramento, CA.. Ein bis zwei Maschinen waren ständig in Kadena AFB/Okinawa (»Habu«) und RAF Mildenhall/UK stationiert, zeitweise auch auf den Philippinen und in Udorn AFB/ Thailand, keine wurde bei Höhenaufklärungsmissionen mit geheimen Sensoren durch Gegner abgeschossen. Offiziell im Januar 1990 außer Dienst gestellt sollen neun in Museen stehen, je drei in Palmdale, CA., eingemottet sein bzw. noch

bei der NASA fliegen. Die von YF-12A und SR-71A aufgestellten Weltrekorde mit 3.331,5 bzw. 3.529,6 km/h Geschwindigkeit, 26.213 m Höhe, über 24.000 km Strecke in 10,5 Stunden sowie für den Flug New York-London in 1:54:56 Stunden sind bisher ungebrochen.

Reibungshitze war das größte Problem der SR-71 und für die Besatzung. Der Treibstoff konnte sowohl -68°C kalt oder bis 315°C heiß sein. Kraftstoffleitungen und -anschlüsse bedurften spezieller Stahlscheibendichtungen. Von B.F. Goodrich entwickelte Spezialreifen enthielten Aluminiumpulver zur Hitzeableitung. Fahrwerkklappen sind zur Radkühlung von Kraftstoff umgeben. Elektrische Leitungen bestehen aus hitzefestem Material. Reifen und Tanks sind mit Druckstickstoff gefüllt. Der große im Hecksteiß verstaute Bremsschirm ist wärmegeschützt. Fast alles im Flugzeug wird durch Kraftstoff gekühlt und zudem als Hydraulikflüssigkeit für Triebwerk, Fahrwerk und Ruder verwandt, ehe er mit 3.630 kg/h im Triebwerk verbrennt.

Genaue Geschwindigkeits- und Höhenangaben sind noch klassifiziert. Die Höchstgeschwindigkeit wird in über 25.000 m Höhe erreicht. In Seehöhe würden 3.200 km/h (weniger als bei der A-12) Edelstahl fast »aufweichen«. Unter bestimmten Flugbedingungen wird im Hochgeschwindigkeitsflug weniger Kraftstoff verbraucht.

▼ Im Hochgeschwindigkeitshöhenflug erzeugt der Nachbrennerschubstrahl hier gut sichtbare pulsierende Stoß/Schockwellen.

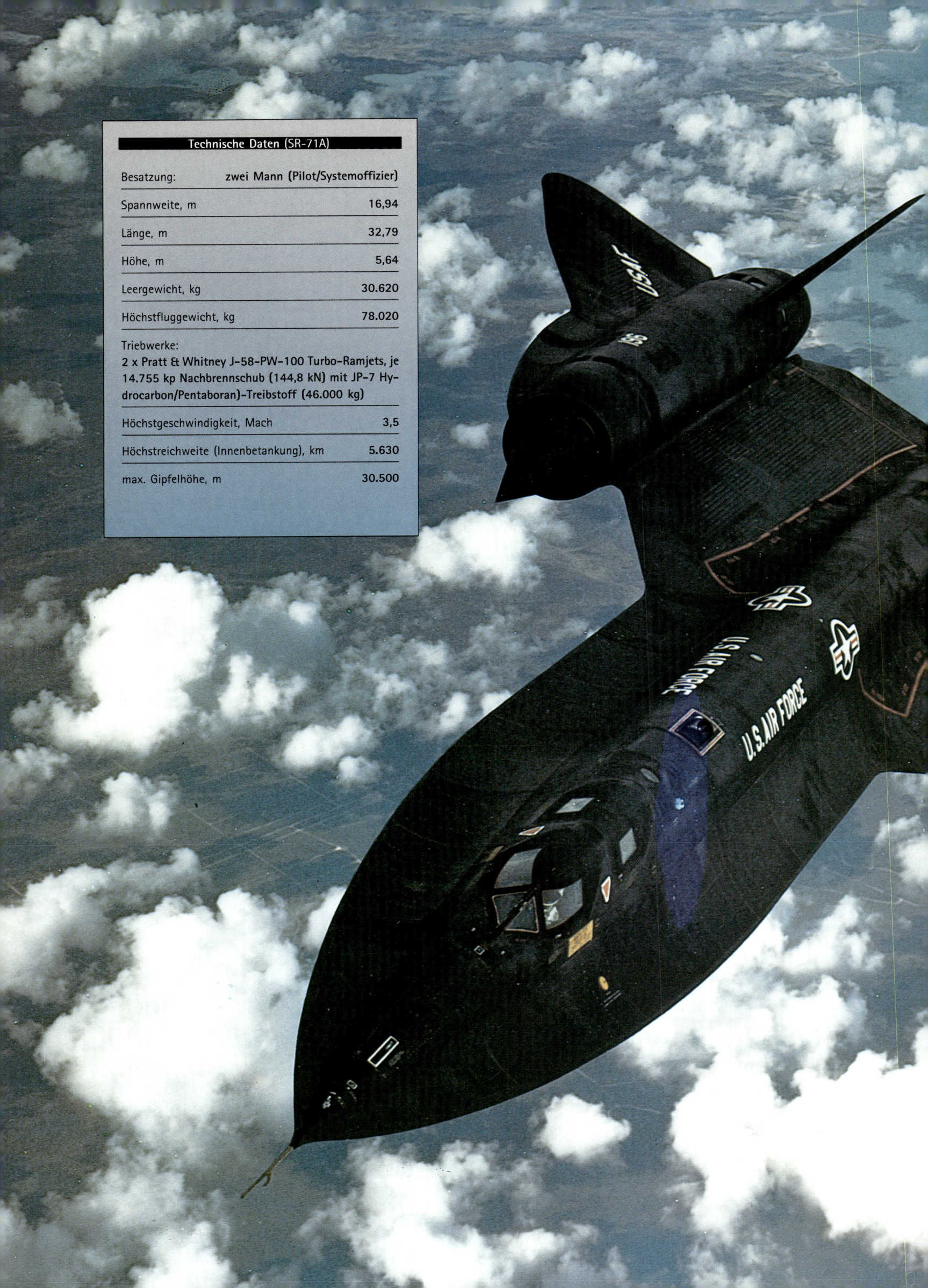

Technische Daten (SR-71A)	
Besatzung:	zwei Mann (Pilot/Systemoffizier)
Spannweite, m	16,94
Länge, m	32,79
Höhe, m	5,64
Leergewicht, kg	30.620
Höchstfluggewicht, kg	78.020
Triebwerke: 2 x Pratt & Whitney J-58-PW-100 Turbo-Ramjets, je 14.755 kp Nachbrennschub (144,8 kN) mit JP-7 Hydrocarbon/Pentaboran)-Treibstoff (46.000 kg)	
Höchstgeschwindigkeit, Mach	3,5
Höchstreichweite (Innenbetankung), km	5.630
max. Gipfelhöhe, m	30.500

YF–12A

Die zweite *Blackbird*-Version war als Höhenfern-abfangjäger gegen schallschnelle sowjetische Bomber (nach Art der amerikanischen XB-70A *Valkyrie*) ausgelegt und nur mit acht integrierten XAIM-47 Falcon Luft/Luft-LFK bewaffnet. Das AN/ASG-18 Dopplerradar reichte 1.000 km weit. Die nur in den USA stationierten 18 YF-12A sollten mit ihrer hohen Geschwindigkeit Feindbomber jenseits der Staatsgrenzen abfangen. Die wenigen, vor der SR-71A gebauten YF-12A erreichten Mach 3,6 in 27.000 m Höhe. Einige sollen unbemannte (13,16 m lange, 5,79 m spannende, ca. 9.000 kg schwere) Huckepack-Mach 4-Jäger GTD/D-21B-LO mit einem Marquardt RJ-43-MA-11 Ramjet-Triebwerk getragen haben.

Angenommen wird, daß nach drei Versuchsmustern wenigstens 15 Strikebomber mit einer Atombombe (1 MT – Megatonne Sprengkraft) an das SAC (Strategic Air Command) geliefert wurden. 1964 folgte die 3 Meter längere und fast 15 Tonnen schwerere SR-71A. Viele Aufklärungsmissionen wurden zur Demonstration globaler Einsatzfähigkeit höher als 24.000 m geflogen.

◄ Eine S-71A in großer Höhe, nicht alle trugen USAF-Kennzeichnungen wie dieses Flugzeug.

BELL HELICOPTER TEXTRON AH-1 *Cobra*

Hubschrauber erlangten schon im Koreakrieg große Bedeutung, in Vietnam wurden sie nahezu unverzichtbares »Mädchen für alles«. Im Laufe dieses Konflikts kam ein neuer, leistungsfähiger Kampfhubschrauber als Ersatz der vorher zum Waffenträger umgerüsteten Transporthelikopter heraus, der von Bell Helicopters entwickelte AH-1 *Cobra*.

Ab 1967 flogen AH-1G in Vietnam vielfältige Einsätze zur Unterstützung der Bodentruppen. Sie gaben bei Luftlandeeinsätzen, SAR- und Bergungsaktionen den Transporthubschraubern unmittelbaren Feuerschutz, flogen Aufklärung und schossen schließlich auf alles, was sich in den Freifeuergebieten bewegte. Gegen Kriegsende waren Vietkong-Panzer vielfach

---

Der AH-1F der US Army hat zur Wärmesignaturminderung ein verlängertes Abgasrohr, in dem heißes Abgas mit Kaltluft vermischt wird. Der Einstieg für den Frontsitz ist links. Neben dem Kinnturm ist dieser *Cobra* mit je vier BGM-71A TOW-Panzerabwehr-LFK unter den Stummelflügeln bewaffnet.
▼

das Ziel. Wo immer Heerestruppen Feuerunterstützung brauchten – die AH-1G waren zur Stelle.

Der zweisitzige, einmotorige AH-1G wurde vor allem zur Bodenunterstützung entwickelt. Mit Zweiblatthaupt- und Heckrotor war er sehr wendig, schnell und stark bewaffnet. Der 91 cm schmale Rumpf bot wenig Zielfläche, der neuartige Rotorkopf erlaubte 350 km/h Geschwindigkeit. Mit dem *Cobra* flogen geübte Piloten sogar Loopings und Faßrollen, wenngleich nicht im üblichen Flugprofil.

Bewaffnung

Beiderseits des Rumpfes sind an kurzen Stummelauslegern – einsatzabhängig – je vier Außenlastträger für Waffenbehälter montiert, wahlweise mit 76x7 cm M.151/229 Raketen, 7,62 mm XM-18E1 Miniguns GAU-2B/A mit 1.500 Schuß, 12,7-mm-MG's oder dreiläufige XM-197 20-mm-Kanonen, links auch als dreiläufige Gatling-Gun mit 1.000 Schuß.

Der schwenkbare Kinnturm ist wahlweise mit einer 7,62 mm Minigun mit 4.000 Schuß oder einem 40 mm-Granatwerfer mit 250 Schuß bestückt, bedient vom vorn sitzenden Schützen (zugleich Co-Pilot), der

▲ Dieser AH-1W *Whiskey Cobra* des US Marine Corps beim Tiefflug über Sumpfgelände ist mit 7-cm-Raketenbehältern und *Hellfire*-LFK bewaffnet. Im Golfkrieg wurde er sehr erfolgreich eingesetzt.

hinten sitzende Pilot konnte damit nur in verriegelter Stellung schießen. Neuerdings können beide Besatzungsmitglieder mit ihren Helmvisieren automatisch richten und feuern.

Der AH-1S ist speziell für die Panzerbekämpfung im Bodenkonturenflug (NOE – Nap Of the Earth) ausgelegt. Lycoming T-53-L-703 Wellenturbinen von 1.800 WPS leisten 400 WPS mehr als in der G-Version. Zur Dämpfung verräterischer Sonnenreflexe erhielt er flachere, entspiegelte Kabinenverglasung. Die Bewaffnung umfaßt 2 x 4 BGM-71A TOW (Tube-launched Optical-tracked Wire-guided) Panzerabwehr-LFK und je nach Baublock eine 20-mm-Kanone oder eine 7,62-mm-Minigun GAU-2B/A plus 40-mm-Granatwerfer M.129 im Kinnturm TAT-102A.

Die S-Version erhielt zusätzlich einen Feuerleitcomputer mit Datensensoren zur Erhöhung der Zielgenauigkeit.

Andere Sensoren melden der Besatzung jede Annäherung von Radar- oder IR-Flugkörpern. Ein M.130 Ejektor für Blitzkartuschen bzw. Düppel dient zur Täuschung und Ablenkung von IR- oder Radarsensoren anfliegender Flugkörper.

Die TOW-Träger sind für je zwei oder vier LFK vorhanden, zur Panzerbekämpfung werden sie mit acht LFK beladen, die bis 3.750 m Zielentfernung vom Bordschützen mit kreiselstabilisiertem, 3-13 mal vergrößerndem M.65 Teleskopvisier drahtgelenkt 500 mm Stahlpanzer durchschlagen. Der Schütze muß dazu nur das Fadenkreuz im Ziel halten.

Im Mittelostkrieg und bei anderen Einsätzen hat sich der TOW-LFK als wirksame Waffe gegen Panzer und »harte« Punktziele bewährt.

Neuere *Cobras* sind mit automatischem AN/AAS-32 (ALLD – Airborne Laser Locator Designator)-Zielmarker ausgestattet, dessen Zielpunkt der Cockpitbildschirm anzeigt. Mit dem ASN-128 Doppler-Radar-Navigationssystem fliegt der Hubschrauber ohne direkte Zielsicht an und verläßt die Deckung nur kurzzeitig zum Pop-Up FK-Abschuß. Laser-Zielmarker und Feuerleitrechner erhöhen die Treffgenauigkeit von Lenkwaffen und Kanone beträchtlich.

Bis 23 mm Kaliber beschußfeste, nur schwach IR-reflektierende CMRB (Composite Main Rotor

Blade)-Rotorblätter erhöhen die Überlebensfähigkeit wesentlich. Heiße Metallflächen und Turbinenabgase werden durch Außenluft und Diffusoren im Abgasrohr gekühlt und vermischt. Die IR-Signatur beträgt dadurch nur 10 % früherer Wärmeabstrahlung. Der AN/ALQ-144-IR-Störstrahler täuscht und irritiert wärmeansteuernde Zielsuchköpfe.

Super Cobra

Die letzte W = Whiskey-Variante des Cobra ist ein leistungsgesteigerter AH-1T des US Marine Corps. Mit zwei General Electric T700-GE-401-Wellenturbinen je 1.625 WPS ist er der antriebstärkste aller Hubschrauber. Im Schwebeflug ohne Bodeneffekt trägt er acht TOW- oder AGM-114A Hellfire-LFK samt Waffenmunitionierung bei genügend Kraftreserven. Bei normalen Klimabedingungen kann er mit einem Triebwerk starten und mit 4 m/s steigen.

Gegenüber anderen Hubschraubern ermöglichen modernste Avionik- und Feuerleitsysteme den gleichzeitigen Einsatz von TOW- und Hellfire-LFK. Die dreiläufige 20-mm-Kanone mit 750 Schuß, kann Phalanx-Hochgeschwindigkeitsmarinegeschosse mit entreichertem Uran/Tungstenstahlpenetratorkern,

Zerfallboden und dreimal höherer Durchschlagsleistung als Standardmunition verschießen. Beide Insassen richten und schießen über Sperry-Helmvisiere.

USMC Whiskey Cobra mit neuesten Laserentfernungsmessern, IR-Sicht- und Doppler-Radarnavigationssystemen schossen im Golfkrieg bei Tag und Nacht viele irakische Panzer ab, darunter moderne sowjetische T-72.

Der AH-1W wird als erster US-Helikopter mit weiterreichenden AIM-9L Sidewinder oder leichten FIM-92A Stinger-Luft/Luft-LFK zur Selbstverteidigung, Hubschrauberjagd oder zum Begleitschutz für Transporthubschrauber bewaffnet. Einsatzerfahrungen darüber liegen noch nicht vor. In jüngsten Konflikten gingen ungeschützte Hubschrauber oft durch Jäger verloren. Luftkampftaugliche Hubschrauber werden Gefechtsfeldszenarien in Zukunft grundlegend verändern.

Künftige AH-1W erhalten lagerlose, leisere »jetähnlich weiche« Vierblattrotoren. Dadurch erhöht sich die Waffenzuladung auf 1.750 kg. Die Stummel-

▼ Ein AH-1W Super Cobra kehrt von einem Tageseinsatz zurück.

flügel haben sechs Lastträger für 76x7 cm XM-159 FFAR (Folding Fin Air Rockets) M.151/229, 16x12,7 cm XM.157 *ZUNI*-Raketen oder 2x GPU-2A 20-mm-Kanonenbehälter. Seit dem Vietnameinsatz 1967 durchliefen AH-1-Kampfhubschrauber eine bemerkenswerte Entwicklung.

▲ Ein USMC-AH–1W mit modernster Avionik und gesteigerter Antriebsleistung im Tiefflug über See.

▼ Drei AH–1F (ohne Schützen im Frontsitz) beim Überführungsflug vom Herstellerwerk in Fort Worth, TX., im neuen Tarnanstrich für alle Einsatzgebiete. Die einmotorige F-Version ist die modernere *Cobra*-Variante mit TOW-Bewaffnung.

▲ AH-1F *Cobra* mit
acht optisch-drahtgelenkten BGM-71A TOW Panzerabwehr-LFK.

Technische Daten (AH-1W)	
Besatzung:	
zwei Mann (Pilot (hinten), Co-Pilot/Schütze (vorn))	
Triebwerke:	
2 x General Electric T700-GE-401 (Twinpack) Wellen-turbinen, je 1.625 WPS	
Leergewicht, kg	4.630
Fluggewicht, kg	6.690
Länge, (ü.a.) m	13,07 (17,57)
Breite, m	3,30
Höhe, m	4,63 (5,27)
Hauptrotordurchmesser, m	14,63
Geschwindigkeit, km/h	315
Reichweite, km	590

◄ USMC AH-1 im Golftarnanstrich auf Überwachungsflug.

HELICOPTER AH-64A *Apache*

Nach Aufgabe des AAFSS (Advanced Aerial Fire Support System) Lockheed *Cheyenne* 1969 studierte man künftige Forderungen an Angriffshubschrauber. Im Vietnamkrieg war der Bell AH-1G der erste echte Kampfhubschrauber.

Daraus entwickelte sich der Hubschraubertiefflugangriff als wirksames Verfahren. Die überlegene Panzermacht des Warschauer Pakts gegenüber der NATO priorisierte einen wirksamen Panzerabwehrhubschrauber zur Nachfolge oder Ergänzung der *Cobra*-Flotte. 1972 entstand bei Hughes Helicopter Co. (heute McDonnell Douglas Helicopter Co., Mesa, AZ.) nach den Heeresforderungen der AH-64 *Apache*. Vergleichserprobungen der YAH-64 mit einem verbesserten YAH-63 *Super Cobra* favorisierten das Hughes-Modell.

Der AH-64 gehört zur dritten, allwetter/tag- und nachtkampffähigen Kampfhubschraubergeneration.

Dem Auftrag zur Bekämpfung massierter Panzerverbände entsprechend ist seine Kampfkraft sehr groß.

Entwurf

Der zweimotorige AH-64 mit Vierblatthaupt- und heckrotor hat zwei Mann, durch eine Panzerscheibe getrennte Besatzung : Pilot hinten, Co-Pilot/Schütze vorn. Die konventionelle Flugsteuerung ist kraftverstärkt.

Ohne Schleudersitze für die Besatzung muß eine hohe Überlebensfähigkeit bei Abschuß oder Unfall gegeben sein. Der Aufwand, Beschädigungen zu minimieren, ist deshalb sehr groß.

Alle wichtigen Komponenten und Systeme sind redundant, getrennt und — vor allem Zelle und Rotoren — gegen 23-mm-Geschosse beschußfest ausgelegt. Kritische Bereiche, wie Cockpit, Pilotensitze, Triebwerke, Tanks usw., sind zusätzlich gepanzert.

▼ Bugansicht mit Nachtsicht- und Leitsensoren für die umfangreiche Waffenpalette der AH-64A *Apache*.

◀ MDD-Testpiloten bei Kunstflugmanövern mit einer vollbewaffneten AH-64A *Apache*.

Der Antrieb besteht aus zwei General Electric T700-GE-701 Wellenturbinen von je 1.700 WPS mit genügend Leistungsreserven für den Einmotorenflug im Notfall.

Ein APU (Auxiliary Power Unit) versorgt Bordsysteme und Triebwerke im Bodenbetrieb. In einer Lockheed C-5A *Galaxy* können sechs AH-64 schnell global verlegt werden. Mit Zusatztanks kann die AH-64 über 1.800 km weit fliegen.

Bewaffnung

Die Kanonenbewaffnung des AH-64A besteht aus einer automatischen 30-mm-M230A-1 im Kinnturm mit fahrradähnlichem Kettenantrieb (Chain Gun), einer Kadenz von 625 Schuß/min und 1.200 Schuß gurtlosem Munitionsvorrat. Auch NATO-eingeführte

▶ Automatische 30-mm-M230-»Kettenkanone« (Chain Gun) der AH-64.

ADEN/DEFA-Munition ist damit zu verschießen. Alternativ sind automatische 25-mm-M242-*Bushmaster* (seit 1981 10.000 geliefert), 30-mm-*Bushmaster II* und ASP-30 (Automatic Self-Powered) von MDD für die AH-64D vorgesehen. Nach dem INTAAW (Integrated Air-to-Air Weapon)-Testprogramm soll auch die Turmwaffe gegen Luftziele eingesetzt werden.

Der Schütze im Frontsitz richtet und schießt primär über das FCC (Fire Control Computer)-gestützte TADS (Target Acquisition Designation Sight)-Visier. Helmvisiere erlauben beiden Piloten, dies durch bloße Kopfwendung innerhalb des Kanonenschwenkbereichs von ± 110° (Azimuth) und +20/-60° (Höhe) zu tun.

Neben 76 ungelenkten 70-mm-FFAR (Folding Fin Aerial Rocket) mit variablen Gefechtsköpfen bilden 16 lasergelenkte AGM-114A *Hellfire* von Rockwell die Hauptbewaffnung. Normal umfaßt der Waffenmix acht *Hellfire* und 2x19 70-mm-FFAR.

Die 1,63 m langen, 45 kg schweren lasergelenkten *Hellfire (Fire-and-Forget)* LFK von 18 cm Durchmesser stellt Rockwell International her. Sie suchen sich sowohl frei programmierbare, vom Schützen bestimmte, als auch von anderen Laser-Markern in Fahrzeugen oder Flugzeugen beleuchtete Ziele auf dem Gefechtsfeld selbst. Damit ist der AH-64 sehr flexibel in der Mehrfachbekämpfung unterschiedlicher Ziele.

Zu den Sensoren und Feuerleitsystemen gehört das FLIR (Forward-Looking IR)-gestützte TADS/PNVS (Target Acquisition Designation System/ Pilot Night Vision System) von Martin Marietta. Damit ist das Waffensystem allwetter/nachtkampffähig. TADS ist das Primärfeuerleitsystem des Schützen.

▲ Vollbewaffneter
AH-64A Panzerabwehrhubschrauber
auf einem Übungsflug bei Fort Hood, TX. *Apaches* waren als
Speerspitze der Golfallianz sehr erfolgreich.

Die Subsysteme IHADS (Integrated Helmet & Display Sight System), Teleskopvisier EFAS (Elevated Target Acquisition System), rauchdurchdringende IR-Wärmebild-TV-Darstellung, Laser für Zielsuche, -verfolgung und -entfernungsmessung, D/NAPS (Day/Night Adverse Weather Pilotage System), OASYS (Obstacle Avoidance System), LDNS (Lightweight Doppler Navigation System), GPS (Global Positioning System) und HARS (Heading Attitude Reference System) dienen zur Flug- und Kampfführung. Der Selbstschutz umfaßt: APQ-39 Radarwarner, ALQ-136 Radarstörer, ALQ-144 IR-Störer, AVR-2 Laserwarner und M-130 Chaff/Flare-Dispenser. Mit je zwei FIM-92A *Stinger* oder AIM-9L *Sidewinder* können sich AH-64A gegen Luftfahrzeuge verteidigen oder sie jagen.

Obwohl nicht für »Stealth« ausgelegt, weist der *Apache* nur geringe Radar- und IR-Signaturen auf. Im Tiefflug ist Sonnenspiegelung auf Kabinenscheiben weithin sichtbar und alarmiert den Gegner frühzeitig, daher ist die Cockpitverglasung flachreflexionsarm. Hitzediffusoren an beiden Triebwerkdüsen

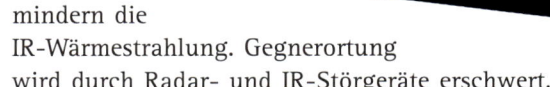

▲ Mit modernsten
Zielsuch- und Waffensystemen
beherrschen AH-64 das Gefechtsfeld »Rund-um-die-Uhr«
und siebenmal wirksamer als AH-1.

mindern die
IR-Wärmestrahlung. Gegnerortung
wird durch Radar- und IR-Störgeräte erschwert.

Kampfeinsatz

Im Golfkrieg schlugen AH-64A und F-117A entscheidende Breschen in die irakischen Verteidigungsstellungen für nachfolgende alliierte Kampfverbände. Acht *Apaches* drangen zuerst weit auf Feindgebiet vor, zerstörten sekundengenau zwei der wichtigsten Radarstellungen und kehrten ohne einen Kratzer zurück.

Nur ein AH-64A der C-Kompanie des 227. Heeresfliegerregiments der 1. Kavalleriedivision wurde am 25. Februar 1990 morgens im Südirak, vermutlich durch eine Fla-Rakete, abgeschossen. Die Besatzung kam heil aus dem bruchgeschützten Wrack heraus, wurde gerettet und flog kurz danach weitere Einsätze mit einer anderen *Apache*.

Wieviele Feindpanzer *Apaches* im Golfkrieg abschossen, wurde noch nicht veröffentlicht. 15 Bataillone mit 288 AH-64A waren auf alliierter Seite im Einsatz. Die letzten Angriffe der 24. Division galten flüchtenden irakischen *Republikanischen Garden*. Das 1. Bataillon der 24. Division verschoß dabei allein 107 *Hellfire* und zerstörte 32 Panzer und über 100 andere Fahrzeuge. Trotz schwierigster Einsatzbedingungen lag der Hubschrauberklarstand bei 86-92 %. Bisher wurden 811 von 905 bestellten AH-64A an die US Army und befreundete Armeen geliefert. Der neueste AH-64D *Long Bow Apache* mit Millimeterwellen-Masttop-Radar soll 16 mal wirksamer als der AH-1 sein. 227 AH-64A sollen auf D-Standard nachgerüstet werden. Über Käufe für die englischen Heeresflieger wird verhandelt und die Waffenintegration von Short's *Starstreak* und Euromissile *Trigat LR* geprüft.

◄ Aus dem Schwebeflug feuert dieser AH-64A eine Salve 70-mm-*Hydra*-Raketen auf Fahrzeugziele im Hintergrund.

Technische Daten	
Hauptrotordurchmesser, m	14,63
Heckrotordurchmesser, m	2,79
Länge ü.a., m	15,47/17,73
Höhe, m (AH-64D)	4,64 (4,95)
Rumpfbreite, m	2,76
Spannweite, m	5,79
Triebwerke: 2 x General Electric T700-GE-701(C) Wellenturbinen, je 1.700 WPS	
Leergewicht, kg	5.000
Fluggewicht, kg	9.800
Höchstgeschwindigkeit, km/h	365
Seit/Rückwärtsgeschwindigkeit, km/h	45
Überführungsreichweite, km(4x773 l Zusatz)	2.050
Waffenzuladung, kg	4.600
Gipfelhöhe, m	6.100
Steiggeschwindigkeit, m/s	12,7

▲ Testabschuß eines *Fire-and-Forget*-LFK AGM-114A *Hellfire*.

▼ Ein AH-64A während des Golfkrieges im Zielanflug.

BOEING/SIKORSKY (R)AH-66 *Comanche*

Das jüngste RAH-66-Mehrzweckhubschrauber-Programm der US Army für das 21. Jahrhundert hat höchste Priorität. Dafür bildeten Boeing Helicopters und Sikorsky Aircraft ein gemeinsames Entwicklungsteam. Nach dem Attrappenbau steht die Fertigstellung des ersten Prototyps bevor.

Der zweimotorige, zweisitzige *Comanche* mit Heckrotorfan ist primär für Aufklärung und nach Schnellumrüstung, Betankung und Beladung als autonomer, bewaffneter Allwetter- und Nachtkampfhubschrauber gegen Boden- und Luftziele ausgelegt.

Seit dem Vietnamkrieg verfügte die US Army über zwei leichte, laufend kampfwertgesteigerte Hughes und Bell Scout- und Aufklärungshelikopter. Nach dem Jahr 2003 erfüllen sie dann aber die weit höheren Heeresforderungen für bewaffnete Aufklärung nicht mehr. Nach sechsjährigen Studien und Ausschreibungswettbewerben für den neuen Leichten Angriffshubschrauber (LHX) erhielt der RAH-66-Entwurf des Boeing-Sikorsky-Teams den Entwicklungsauftrag. Zielsetzung ist minimaler Personal- und Unterhaltungsaufwand bei höchstmöglicher Kampfwirksamkeit.

Konstruktion

Neuartiges Entwurfsmerkmal ist die durchgehende, kastenförmige, im ACAP-Programm erprobte Vollkunststoffzelle, an die Einziehfahrwerk, Haupt- und Heckrotor (von MBB/DASA mitentwickelt), Triebwerke und (überwiegend innen untergebrachte) Waffen angebaut werden. Die Plastikaußenhaut mit zahlreichen Wartungsklappen hat keine mittragende, jedoch Fremdstrahlungen absorbierende bzw. zerstreuende Funktion. Die Radarrückstrahlfläche soll nur 1% früherer Typen betragen.

Klassifiziert ist er als Leichter Kampfhubschrauber (LH) und Aufklärungsangriffs-Drehflügler zur Ergänzung der AH-64-Flotte mit weit höherem Leistungsvermögen als seine Vorläufer. Vielseitigkeit und letale Kampfkraft markieren sein Pflichtenheft, das u.a. 2,5 Stunden Flugdauer und nach Schnellaufrüstung mit Zusatztanks eine Überführungsreichweite von 2.000 km (ohne Luftbetankung) vorschreibt.

▼ Der AH-66 wird mit 320 km/h einer der schnellsten Hubschrauber der Welt sein.

▲ Mit »Stealth«-Charakteristik
sieht der AH-66 ungewöhnlich aus.

Die beiden Allison-Garrett LHTEC T800-Wellenturbinen wiegen nur je 136 kg, leisten aber 1.200 WPS. Turbinenabgase werden mit Außenluft abgekühlt und aus Heckschlitzen ausgeblasen, damit Wärme-(IR)zielsuchköpfe versagen.

Stealth (Tarnung)

Die AH-66-Zelle samt gelenklosem Fünfblatt-Compositerotor (ähnlich Bo-108) mit reduzierter Blattspitzengeschwindigkeit und niedrigem Lärmpegel ist auf minimale Radar- und IR-Signatur optimiert. Die intern untergebrachte Bewaffnung wird nur zum Abschuß, das Einziehfahrwerk nur zur Landung ausgefahren.

Für bewaffnete Aufklärung sind eine 20 mm Gatling-Kanone mit 500 Schuß, vier *Hellfire* für den Luft/Boden- und zwei *Stinger* für den Luft/Luft-Einsatz geplant. Zur Avionikausrüstung gehören INS/Doppler-Präzisionsnavigation mit GPS (Global Positioning System)-Empfänger, stör- und abhörsichere Radiokommunikation, Digital-Datalink, IR-Nachtsichtgeräte (35x53° Sichtfeld) mit Restlichtverstärkung und TV-Wärmebilddarstellung. Damit kann die Besatzung (Pilot vorn!) bei allen Sicht-, Licht- und Wetterbedingungen kämpfen. Geländekonturen- und Tiefflug im Einsatz sind Trumpf.

Beide Piloten im »Glas-Cockpit« sehen gleiche, beliebig abrufbare Informationen auf je zwei Multifunktions-15x20-cm-Monochrom- und einem LCD-Farbbildschirm mit ausklappbarer alphanumerischer Tastatur vor sich im Instrumentenbrett. Sie sind über drei Digitaldatenbusse bordnetzintegriert. Taktische Lagen und aktuelle Bedrohungen werden auch in Helmvisierdisplays eingeblendet.

Durch automatische Digital-Fly-by-Wire-Flugsteuerung (ohne Seitenruderpedale), Zielführung und Feuerleitung steuert der Pilot nur mit dem Side-Stick/Pitch-Bedienblock auf der Seitenkonsole. Ständige Flug- und Bordsystemüberwachung gewährleisten automatische Kontroll-, Test- und Prüfsysteme. Mit den Helmvisieren können Pilot und Schütze sich jederzeit unabhängig voneinander Ziele zuweisen oder selbst bekämpfen.

Neu für Kampfhubschrauber ist eine umfassende IR-Signaturen-»Bibliothek«, nach der Bordsensoren Ziel oder Bedrohung identifizieren und anzeigen. Modernste IFF (Identification Friend Foe)-Geräte verhindern, daß Bordwaffen »freundliche« Ziele treffen, was im Golfkrieg mehrfach Eigenverluste verursachte.

Zum Abschuß ausfahrbare Waffenträger nehmen — beliebig kombinierbar — je drei lasergelenkte Fire-and-Forget-AGM-114A *Hellfire* oder wärmezielsuchende FIM-92A *Stinger* auf. Flügelstummel mit je zwei Laststationen sind in wenigen Minuten zusätzlich am Rumpf montierbar. Kaum 20 Minuten dauert es, AH-66 in einer C-130 luftverlastbar zu stauen. Der Stückpreis wird derzeit auf 15 Millionen DM, die Entwicklungskosten (nur 4 statt 6 YRAH-66 Prototypen,

Erstflug Sommer 1995) auf 4,25 Milliarden DM geschätzt. 1.292 *Comanche* für 51 Milliarden DM sind zur Einführung ab 2003 geplant.

Der *Comanche* wird als weitreichendes Auge und Ohr der Bodentruppen mit integrierten »State-of-the-Art«-Technologien für das 21. Jahrhundert ausgestattet, um den Gegner zu finden, zu treffen und selbst im Einsatz zu überleben.

▼ An Waffenschachtklappen innen aufgehängte je drei Lenkflugkörper werden nur zum Abschuß ausgefahren.

Technische Daten	
Horizontalgeschwindigkeit, km/h	320
Flugdauer (Innenkraftstoff), h	2,5
Überführungsreichweite, km	2.800
Leergewicht, kg	3.600
Fluggewicht (Aufklärung), kg	4.650
Höchstfluggewicht, kg	7.750
Triebwerke: **2 x Allison-Garrett T800-AG je 1.200 WPS**	
Hauptrotordurchmesser (5-Blatt), m	11,90
Heckrotor (»Fan-in-Fin«), m 8 Blatt Kunststoff-Fan	
Blattlänge, cm	11,43
Blattbreite, cm	17
Fandurchmesser gesamt, m	1,73
Bewaffnung: automatische 2-läufige 20-mm-Kanone im Kinnturm,	
bis 18 FIM-92 *Stinger* (IR) oder	
bis 14 AGM-114A *Hellfire* (Laser),	
62 x 70-mm-*Hydra*-FFAR (ungelenkt)	

▲ RAH-66-Attrappe im Original-
maßstab.

▼ Statt herkömmlicher Blattrotoren haben AH-66 drehmo-
mentarme, bodenunfallsichere »Fan-im-Fin«-Heckrotoren,
auch Fantail genannt.

RAYTHEON FlaRak-LFK MIM-104 *Patriot*

Das mobile Luftabwehrwaffensystem (FlaRak = Flugabwehrrakete/SAM – Surface-to-Air Missile) *Patriot* ist das derzeit teuerste westliche, aber reaktionsschnellste feststoffgetriebene Allwetter- und Allhöhen-FlaRak-System zur Abwehr künftiger Bedrohung durch Luftfahrzeuge aller Art. Der Systempreis belief sich 1980 auf rund 43 Millionen DM, der US-Entwicklungs- und Beschaffungsumfang auf 9,5 Milliarden DM. Entwicklung und Erprobung

dauerten 15 Jahre. Gegenüber älteren Systemen werden 50 % Personal- und 70 % Betriebskosten eingespart.

Die *Patriot* hat im Golfkrieg begrenzte, seither mit dem PAC-3-Programm verbesserte Bekämpfungsfähigkeit als ATBM (ATBM = Anti-Tactical Ballistic Missile) gegen taktisch-ballistische Flugkörper bewiesen,

▼ Erster Versuchsabschuß einer *Patriot* aus dem Transport/Abschußkanister gegen einen taktisch-ballistischen *Lance*-FK.

sie ist jedoch kein Abwehrmittel gegen ballistische Flugkörper (ABM-Anti-Ballistic Missile).

Nach dem 1965 entwickelten Vorläufer SAM-D gewann Raytheon Co. in Bedford, MD., 1967 die Ausschreibung des MICOM (US Army Missile Command) für das stationäre MIM-14C *Nike-Hercules*-(und teilmobile MIM-23B *IHAWK*-) Folgewaffensystem, seit 1976 MIM-104 *Patriot* genannt. Sein Kernstück ist der TVM (Track-via-Missile)-Radarlenksuchkopf des Flugkörpers, der nach dem Abschuß vom elektronisch abtastenden PAR (Phased Array Radar) Bodenleitradar durch »Mid-Course«-Lenkung geführt bei Zielannäherung bis zum »Kill Point« die Zielsteuerdaten des Suchkopfes verzugslos berechnet und korrigiert.

Die SAM-D-Entwicklung zielte primär auf die Bekämpfung taktisch-ballistischer Raketen. Wegen noch fehlender Technologien wurde diese Forderung zunächst aufgegeben. 1975 gelang der Abschuß von Überschallzieldrohnen BQM-34W *Firebee* und PQM-102. Erst 1986 wurde ein taktischer *Lance*-FK bei Abnahmetests mit verbesserter Rechner-Software erfolgreich abgefangen. Nach Ausrüstung eines Versuchs-

bataillons im Mai 1982 und dessen Einsatzbereitschaft im März 1985 beteiligten sich Deutschland und Holland am *Patriot*-Programm.

Während der Operation *Desert Storm* waren *Patriot*-Batterien in Saudi-Arabien, der Türkei und Israel stationiert. Am 18. Januar 1991 fing ein MIM-104-FK eine auf Saudi-Arabien gerichtete irakische *Scud*-Rakete erfolgreich ab.

Erstmals in der Geschichte gelang es damit, einen ballistischen Flugkörper mit einem FlaRak-System abzufangen und zu zerstören.

Während des Golfkriegs wurden 43 irakische *Scud*-Raketen vor Erreichen des Ziels zerstört, *Patriot* waren

▼ Das FlaRak-System *Patriot,* hier auf dem Raketenversuchsgelände White Sands in der Wüste Neu-Mexicos, dient zur Abwehr von Luftfahrzeugen, Marschflugkörpern und taktisch-ballistischen Kurzstrecken-flugkörpern.

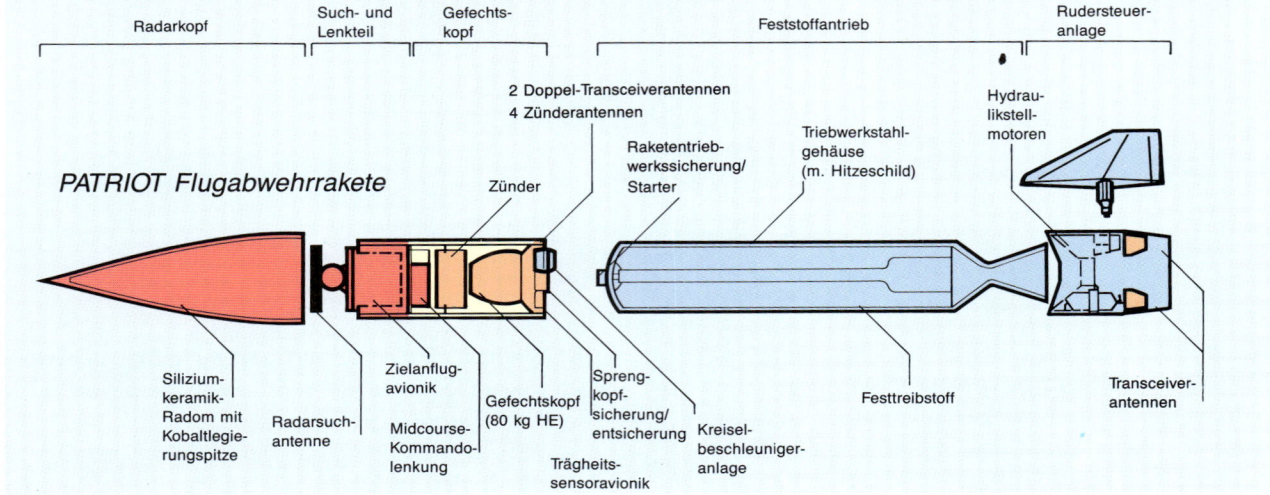

PATRIOT Flugabwehrrakete

Radarkopf · Such- und Lenkteil · Gefechts-kopf · Feststoffantrieb · Rudersteuer-anlage

2 Doppel-Transceiverantennen
4 Zünderantennen

Zünder · Raketentriebwerkssicherung/Starter · Triebwerkstahlgehäuse (m. Hitzeschild) · Hydraulikstellmotoren

Siliziumkeramik-Radom mit Kobaltlegierungspitze · Radarsuchantenne · Zielanflugavionik · Midcourse-Kommandolenkung · Gefechtskopf (80 kg HE) · Sprengkopfsicherung/entsicherung · Trägheitssensoravionik · Kreiselbeschleunigeranlage · Festtreibstoff · Transceiverantennen

damit wirksamer als erwartet. Es gelang, eine Rakete durch eine andere abzuschießen. Nur eine MIM-104 verfehlte ihr Ziel, einige GIs wurden beim *Scud*-Einschlag getötet. Die neuere *Scud-X*-Version katapultiert ihren Mehrzwecksprengkopf (Reentry Vehicle) allein zur Erde, der schwerer zu orten und zu treffen ist.

Jede Feuereinheit startet vier 5,2 m lange, 1.000 kg schwere FK in Einzel- oder Salvenfeuer aus fünf Jahre wartungsfreien, 1.700 kg schweren, 38° aufgerichteten Aluminium-Lager-, Transport- und Abschußkanistern. Der von Martin Marietta Corp. in Orlando, FL., gefertigte äußerst wendige Flugkörper (Lastfaktor +40g) hat 41 cm Durchmesser, 87 cm Spannweite, fliegt 3,5-6 Mach schnell, reicht 3-25.000 m hoch und bis 160 km weit.

Den einstufigen T-480-Feststoffraketenmotor mit Stahlmantel baut die Thiocol Corp. in Huntsville, AL. Der 80 kg M248-Sprengkopf hat Aufschlag- und Annäherungszünder. Das elektronisch-phasengesteuerte, ECM-feste AN/MPQ-53 Multifunktionsplanardopplerbodenradar deckt im G-Band (4-6 GHz) 90-110° (Azimuth) ab. Es besteht aus 5.161 Sende/Empfangs-Einzelelementen, erfaßt und verfolgt bis zu 100 Ziele, koordiniert die halbaktive und Kommandolenkung von Flugkörper und Radar und

bekämpft acht Ziele simultan. Frühere FlaRak-Systeme benötigten dazu 5-10 Radargeräte.

Die deutsche Luftwaffe schloß anstelle des früher geplanten MFS-90-Systems die *Patriot*-Einführung von 28 vollmobilen Feuereinheiten mit 216 Startern auf 54 MAN 8x8 15 t gl Lkw 1989 ab. Das FlaRak-Regiment *Patriot* besteht aus zwei Bataillonen mit je einer Stabs- und Versorgungs- sowie vier FK-Batterien mit je 5-8 Startern. Weitere 12 (von 80) Feuereinheiten MIM-104 sowie 27 Feuereinheiten *Roland II* der US Army werden zehn Jahre von deutschen Luftwaffensoldaten zum Schutz von USAFE-Basen in Deutschland bedient und gewartet. Auch Israel, Italien, Japan, die Niederlande und Saudi-Arabien führten das *Patriot*-Waffensystem ein. Ein PAC-3 (Patriot Advanced Capability)-Kampfwertsteigerungsprogramm dient verbesserter Wirksamkeit gegen taktisch-ballistische Flugkörper. Ab 2005 wird das TLVS (Taktisches Luft-Verteidigungs-System) eingeführt, daß sowohl gegen Tiefstflieger als auch gegen ballistische Flugkörper hochwirksam ist. Es wird *Patriot* ergänzen und die dann 35 Jahre alten IHAWK-FlaRak-Batterien ablösen.

▼ Das mobile PAR (Phased Array Radar) AN/MPQ-53 von 2,44 m Durchmesser wird im Einsatz aus umgeklappter Fahrstellung 67,5° aufgerichtet.

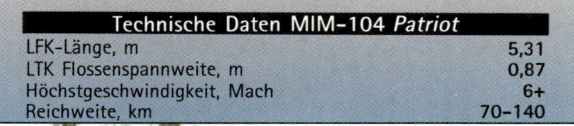

Technische Daten MIM-104 *Patriot*	
LFK-Länge, m	5,31
LTK Flossenspannweite, m	0,87
Höchstgeschwindigkeit, Mach	6+
Reichweite, km	70-140

ROCKWELL Luft/Boden-LFK AGM-114A *Hellfire*

Der modulare *Hellfire*-Lenkflugkörper wiegt bei einem Durchmesser von etwa 18 cm rund 45 kg. Seine 7,7 kg Hohlladung durchschlägt die Panzerung bekannter Kampffahrzeuge. Je größer der Hohlladungsdurchmesser, je größer seine Durchschlagskraft. Der AGM-114A wurde in der 60er Jahren entwickelt, nach 1980 bei den US-Streitkräften eingeführt und hat sich im Golfkrieg besonders bewährt. Mit Laser-Selbstzielsuchkopf und einer Wirkungsreichweite von 4,5+ km bildet er die Hauptbewaffnung des Kampfhubschraubers AH-64 *Apache*.

Der überwiegend verwendete Lasersuchkopf ist zielabhängig mit einem IR-Lenkkopf austauschbar. Er folgt dem von Luft- und Bodenfahrzeugen oder vorgeschobenen Beobachtern eingesetzten, vom Ziel reflektierten Laserzielbeleuchterstrahl mit geheimer, vor dem Abschuß eingestellter Codierung bis zum Ziel. Nach dem FK-Start kann das Abschußfahr-

zeug abdrehen bzw. Stellungswechsel vornehmen.

Alternativ wird ein IR-(Focal Plane)Suchkopf benutzt. Der *Apache*-Hubschrauber ist mit Nachtsicht- und IR-Wärmebildzielgeräten ausgerüstet. Damit kann der AGM-114A von entsprechend ausgerüsteten Fahrzeugen im direkten Zielsichtverfahren über größere Kampfentfernungen mit großer Treffergenauigkeit und -wirkung eingesetzt werden.

Bisherige Zielidentifizierungstechnologien werden beim RAH-66 *Comanche* durch eine im Bordrechner gespeicherte »Zielsignaturdatenbibliothek« aller möglichen Ziele auf dem Gefechtsfeld entscheidend verbessert. Vor dem FK-Abschuß vergleicht der Computer die gespeicherten mit den aufgefaßten Signa-

---

▼ Mit dem tragbaren Dreibeingestell kann der AGM-114A überall gestartet werden.

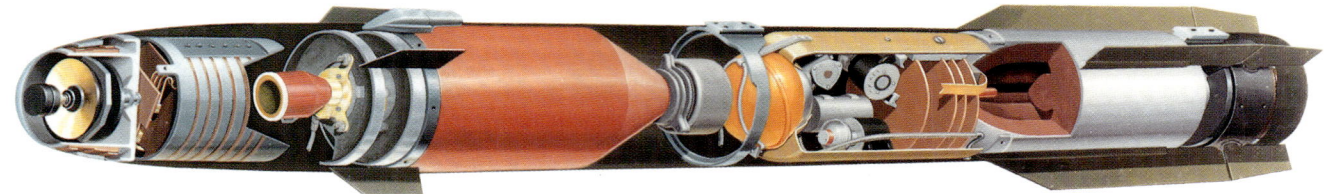

▲ Die *Hellfire*-Version mit Tandem-Hohlladung (hinter dem Suchkopf) durchschlägt auch Reaktivpanzerung.

turdaten und gewährleistet eine sichere Freund-Feind-Unterscheidung.

Der AGM-114A-FK kann ohne Anfangslenkung in Salven freifliegend in Zielrichtung abgeschossen werden und sucht sich selbst ein laser- oder IR-beleuchtetes Ziel. Acht und mehr freifliegende LFK können so gleichzeitig durch einen, nach erstem Treffer zielwechselnden Beleuchter gelenkt werden. Nach derzeitigen Schießverfahren erfolgt der Zielwechsel in acht Sekunden. Mehrere Zielbeleuchter mit unterschiedlicher Kodierung können derart eine große Anzahl von Panzerzielen in kürzester Zeit bekämpfen.

Der Vorteil des *Hellfire* besteht in seiner Verwendbarkeit von Fahrzeugen aller Art, wenn der Abschußwinkel über Bodenerhebungen und -hindernissen liegt. Der LFK stürzt dann von oben (Top Attack) auf das Panzerziel und trifft es an seiner schwächsten Stelle. Ein höherer Abschußwinkel vergrößert auch die Reichweite.

Hellfire eignen sich auch zum Luftkampf Hubschrauber gegen Hubschrauber. Obgleich *Apache* und der neue LAH (Light Attack Helicopter) auch AIM-Bewaffnung haben, erspart der *Hellfire*-Einsatz eine Doppelbeladung. Die Fluggeschwindigkeit des luftkampftauglichen AGM-114A liegt weit über Mach 1.

»Durchschlagende« Wirksamkeit bewies er im Golfkrieg. In einem Gefecht zwischen flüchtenden *Republikanischen Garden* und Teilen der 24. Infanteriedivision gegen Ende der Bodenoperationen zerstörten drei *Apache*-Kompanien in wenigen Stunden 32 Kampfpanzer und über 100 Fahrzeuge, darunter Raketenwerfer und Lenkwaffenträger mit *Hellfire*. 107 AGM-114A wurden bis auf 6.700 m Zielentfernung eingesetzt. Die Irakis merkten nicht, woher und von wem sie getroffen wurden.

Der Panzerschutz von Kampfpanzern wird durch aufgesetzte *Reaktiv-(Explosiv)* Panzerung verstärkt, deren Detonation aufschlagende Hohlladungen zerstört, ehe sie die Stahlpanzerung durchschlagen. Dagegen haben neuere *Hellfire*-FK eine Tandemhohlladung, deren kleinere vordere Hohlladung den Reaktivpanzer, die Haupthohlladung sodann den Panzerstahl durchschweißt und das Fahrzeug zerstört.

Einige Länder rüsten künftig auch Kampffahrzeuge mit *Hellfire* in Mehrfachtürmen aus, die aus Internmagazinen nachladbar sind. Schweden setzt AGM-114 zur Küstenverteidigung ein. Die US Navy untersucht den Anti-Schiffseinsatz mit einem speziellen größeren Splittergefechtskopf.

Für den AH-64D *Apache* Kampfhubschrauber wurde das Millimeterwellenradar *Long Bow* entwickelt, an dem auch die RAF interessiert ist. Mit automatischem Digitallenksystem werden *Hellfire* außer vom Panzerjäger A-10A *Thunderbolt II* auch durch Kampfflugzeuge einsetzbar.

▼ *Hellfire*-Start von einem aus der Deckung fernbedienten Dreibein-Launcher.

Die militärische Forderung nach Langstrecken- und Abstandsfähigkeit gegen stark geschützte und verbunkerte Ziele wurde durch den *Hellfire* erfüllt. Ein *Fire-and-Forget*-FK ist er (noch) nicht, er muß bis zum beleuchteten Ziel gelenkt werden, wenn auch nicht mehr durch das Abschußfahrzeug selbst. Weiterentwicklungen sehen höhere Mobilität, Reichweite und Vielseitigkeit und damit längere Einsatzdauer vor.

Technische Daten	
Länge, m	1,62–1,78
Gewicht, kg	45+
FK-Durchmesser, m	0,18
Geschwindigkeit, Mach	1+
Reichweite, m	6.700+
Laser-, Infrarot- bzw. Millimeterwellenradar-Zielsuchkopf	
Raucharmer, innenbrennender Feststoffraketenmotor	
Konischer HE-Hohlladungs- bzw. Spreng/Splitter-Gefechtskopf mit Aufschlags-, Annäherungs- oder Verzögerungszünder	
Startgeräte: Hubschrauber, Kampfflugzeuge/fahrzeuge, Schiffe, mobile Bodenabschußlafette	
Direkte und/oder indirekte IR- oder Laserlenkung	

▲ *Hellfire*-Abschuß von einem AH-64 *Apache*-Kampfhubschrauber.

HUGHES Luft/Boden-LFK AGM-65 *Maverick*

Maverick kam im Oktober 1973 als luftgestarteter *Fire-and-Forget* (»Abfeuern und Vergessen«)-Mehrzwecklenkflugkörper gegen Panzer, Bunker, Schiffe und Befestigungen erstmals zum Einsatz. Israelis bezeichneten ihn als »erfolgreichste Waffe« des Krieges mit hoher Wirkungs- und Trefferquote.

Die AGM-65A-Version ist TV-gelenkt. Der Pilot sieht das Zielbild durch das Fernsehauge im Lenk- und Suchkopf, der den FK präzise ins Ziel lenkt, und kann nach dem Abschuß sofort abdrehen und Gegnerabwehr meiden. AGM-65D haben IIR (Imaging IR)-, AGM-65F Laserzielsuchköpfe. Durch Bildvergrößerung identifiziert der Pilot Ziele auf größere Entfernung. Das IIR-System liefert ein Wärmebild des Ziels bei Tag, Nacht und Schlechtwetter. Nach dem Abschuß steuert dieser FK, ohne weiteres Zutun des Piloten, sein Ziel an. Laserlenkung erfordert eine Zielbeleuchtung von Abschuß bis Aufschlag durch Eigen- oder Fremd-Zielmarker in Hubschraubern,

Flugzeugen oder Fahrzeugen bzw. durch vorgeschobene Beobachter.

Je nach Einsatzzweck sind verschiedene modulare Gefechtsköpfe verfügbar. Sogenannte »harte« Ziele (wie Panzer, Flugzeugschutzbauten, Bunker o.a.) werden aus beliebiger Angriffshöhe oder im Tiefflug mit dem 59 kg Hohlladungskopf bekämpft. Die Starthöhe bestimmt den Zielaufschlagwinkel.

Die Zündereinstellung (Aufschlag/Verzögerung) des Gefechtskopfs mit 131,5 kg Spreng/Splitterladung wird vor dem Abschuß programmiert. Gegen »weiche« Ziele (im freien Gelände, Radarstellungen, Tanklager o.a.) ist der Aufschlagszünder bestgeeignet. Mit Zündverzögerung durchschlägt der *Maverick* zuerst stärkere Schiffswände, Panzer oder erdgedeckte Bunker, ehe die Sprengladung innen detoniert. Freigegebene Fotos zeigen, daß doppelte Schiffswände glatt durchschlagen wurden. Ein 120 m langer Zerstörer sank nach der Explosion des Sprengkopfes. Von

▼ Die modular ausgelegte *Maverick*-LFK-Familie mit unterschiedlichen Zielsuch- und Sprengköpfen.

Technische Daten	
Länge, m	2,49
FK-Durchmesser, m	0,31
Spannweite, m	0,72
Startgewicht, kg	210–310
Reichweite, km	23+
Geschwindigkeit, Mach	1+
Gefechtskopf: 60 kg Hohlladung oder 135 kg HE-Spreng/ Splitterlandung	
Zielsuchsystem:	TV-, IIR- oder Laser
Ziellenkung: autonom, *Fire-and-Forget* nach Zielaufschaltung/ erfassung oder durch Laser-Zielbeleuchtung	

1972 bis 1984 wurden von Hughes und Raytheon über 30.000 *Mavericks* an die amerikanischen und viele westliche Streitkräfte geliefert. Die Produktion läuft weiter.

Die meisten NATO-Flugzeuge sind für den *Maverick*-Einsatz mit Zielanzeigesystemen im Cockpit oder alternativen Kontrollsystemen ausgerüstet. Die Seestreitkräfte verfügen neben größeren Marschflugkörpern über etliche Tausend, vergleichsweise kostengünstige AGM-65F mit 135 kg-Sprengkopf.

Im Golfkrieg wurden zahlreiche *Mavericks* verschossen, TV-Nachrichtensendungen vermittelten eindrucksvolle Direktaufnahmen von AGM-65-Einsätzen gegen Panzer und Bunker. Tiefangreifende A-10A-Panzerjäger zerstörten damit zahlreiche irakische Panzer und Stellungen.

Moderne Waffensysteme konnten sich im Kriegseinsatz nur selten bewähren, der *Maverick* gehört dazu. Neuere Versionen werden noch einige Jahre in den Waffenarsenalen bleiben.

▲ Eine F–16XL startet einen von sechs mitgeführten AGM–65 *Mavericks* aus 3.000 m Höhe bei Mach 0,75.

HUGHES Luft/Luft-LFK AIM-120A AMRAAM

Als modernste westliche Luft/Luft-Lenkwaffe mittlerer Reichweite für Jagdflugzeuge der kommenden 20-30 Jahre löst AMRAAM der Hughes Missile Group, Canoga Park, CA., ältere AIM-7-*Sparrow* ab. Ende 1981 gewann Hughes die USAF-Ausschreibung mit diesem 100.000 Dollar teuren *Launch-and-Leave*-Flugkörper.

Nach zehnjähriger Entwicklungs- und Testphase stellt AMRAAM künftig eine entscheidende Verbesserung der Luftkampffähigkeit der US Luftwaffe und Marine dar. Im Juli 1987 wurde mit der EURAAM Ltd. in Hatfield, Herts., ein europäisches AMRAAM-Entwicklungs- und Produktionskonsortium der Firmen British Aerospace plc (BAe) und Marconi Defence Systems in England sowie Messerschmitt-Bölkow-Blohm GmbH (MBB) und AEG, jetzt Deutsche

▼ AIM-120A werden nach Endmontage und -kontrolle im Hughes FACO (Final Assembly & Check-Out)-Werk Tuscon, AZ., versandfertig gemacht.

Aerospace AG (DASA), in Deutschland gegründet. Die deutsche Luftwaffe hat AIM-120A im Zuge der Kampfwertsteigerung (KWS) der F-4F *Phantom II* und für den *EuroFighter 2000* vorgesehen. AMRAAM verkörpert neueste westliche Technologien (*State-of-the-Art*). Er besitzt mit kreiselgestütztem, aktivem Radarsuchkopf und *Strap-down*-Mid-Course-Lenkung von Northrop weitaus höhere Leistungen, ist aber ein Drittel leichter und wartungsfreundlicher als der AIM-7F/M.

AMRAAM befähigt künftige Jägergenerationen der USA- und NATO-Luftwaffen für den Fernluftkampf (BVR – Beyond Visual Range = Jenseits optischer Sichtweite) über mittlere bis weite Distanzen bei Tag, Nacht und allen Wetterbedingungen mit Look-Down/Shoot-Down-Fähigkeit zur gleichzeitigen Bekämpfung von acht verschiedenen Luftzielen. Nach Abschuß/Abwurf folgt der FK im (Mid-Course) Zielanflug sowohl dem Bordradarlenkkommando des Jägers als auch eigener Trägheitslenkung, navigiert dann autonom, bis der aktive FK-Radarsuchkopf das Feindziel erfaßt und den Endanflug bis zum Treffer steuert. Das Trägerflugzeug kann kurz nach dem FK-Start abdrehen und ein anderes Ziel bekämpfen.

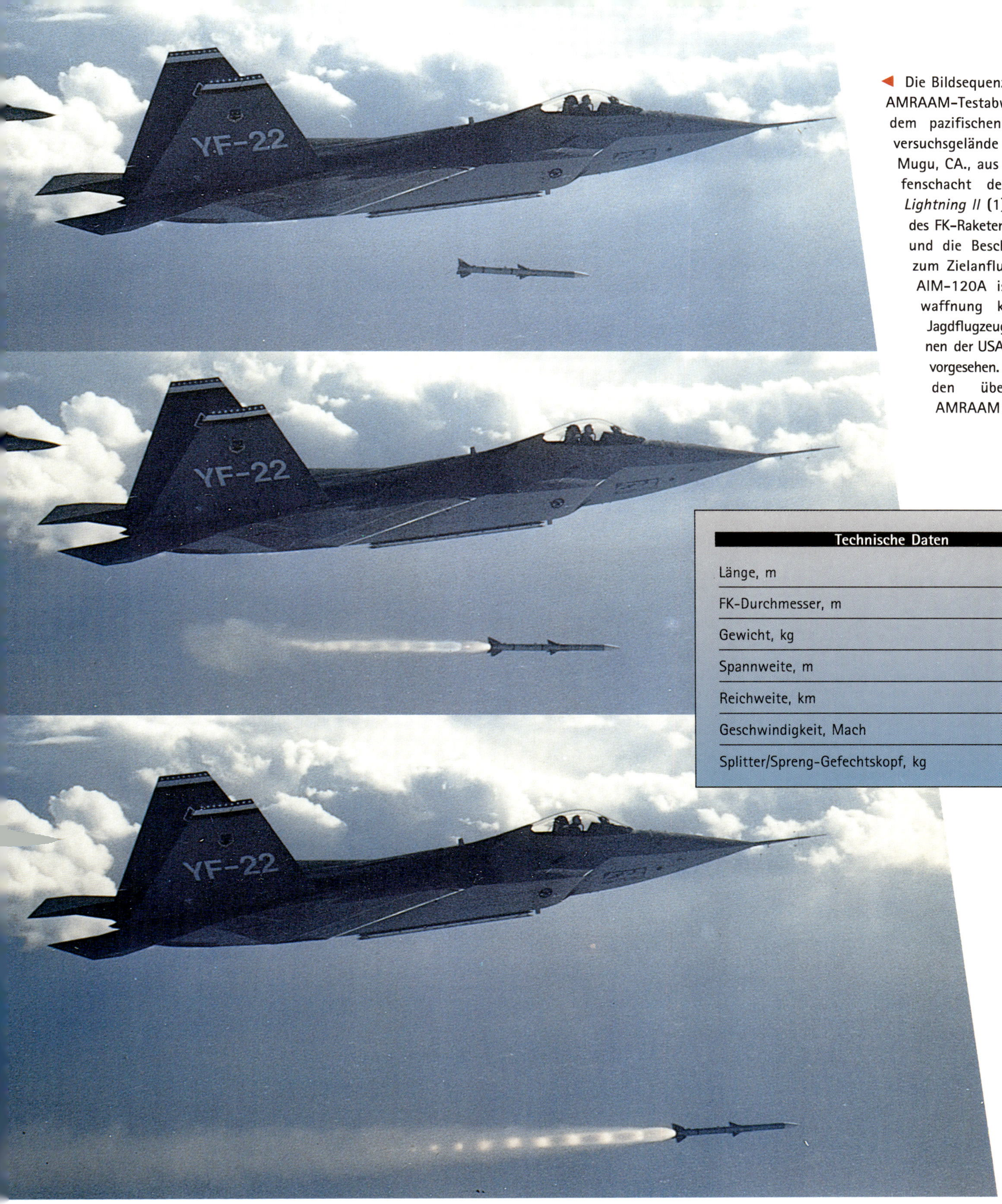

◀ Die Bildsequenz zeigt den AMRAAM-Testabwurf über dem pazifischen Raketenversuchsgelände bei Point Mugu, CA., aus dem Waffenschacht der YF-22A *Lightning II* (1), Zündung des FK-Raketenmotors (2) und die Beschleunigung zum Zielanflug (3). Der AIM-120A ist als Bewaffnung kommender Jagdflugzeuggenerationen der USA und NATO vorgesehen. Bisher wurden über 1.000 AMRAAM gefertigt.

Technische Daten	
Länge, m	3,65
FK-Durchmesser, m	0,18
Gewicht, kg	152
Spannweite, m	0,54
Reichweite, km	100+
Geschwindigkeit, Mach	1+
Splitter/Spreng-Gefechtskopf, kg	25

AMRAAM kann sowohl mehrere tieffliegende (Marschflugkörper) als auch schnell fliegende und manövrierende Ziele in allen Höhen simultan bekämpfen und ist weitgehend störfest gegenüber Einsatzmitteln der Elektronischen Kampfführung.

Genauere Daten über AMRAAMs Geschwindigkeit (Mach 1+), Reichweite (100+ km) und Manövrierfähigkeit (ähnlich AIM-9) sind noch nicht zugänglich.

Der raucharme, nach Brennschluß IR-signaturschwache FK-Raketenmotor erschwert die Früherkennung durch den Gegnerpiloten. Eine AMRAAM-Schiff- und Boden/Luft-Variante soll die Einsatzdauer bis ins 21. Jahrhundert gewährleisten.

INDEX